인기 트레이너 **제이제이 박지은**의 다이어트 비법

마음껏 먹고 날씬해지는

마법의
다이어트
레시피

JJ'S DIET RECIPE

다이어트 10년,
드디어 요요 없는 레시피를 찾다

고등학교 때부터 다이어트라면 안 해 본 게 없어요. 원푸드 다이어트,
한방 다이어트, 비만클리닉 등 좋다는 건 다 했지요. 하지만 늘 그때뿐
요요현상을 막을 수는 없었어요. 또 살이 빠져도 허벅지는 그대로여서
고민스러운 하체비만은 해결되지 않았어요. 그렇게 다이어트의 늪에서
허덕이며 10년을 보냈답니다.
한때는 운동을 열심히 하기도 했어요. 매일같이 헬스클럽을 찾아 운동과
고강도 식이요법을 단행한 결과 꽤 원하던 몸매가 되었지요.
정말이지 날아갈 것 같았어요. 하지만 그 후 엄청난 폭식을 하고 말았어요.
치킨, 족발, 피자, 케이크…. 결국 도루묵이 되고 말았답니다. 운동으로
다진 몸매이니 괜찮을 거라고 너무 믿었었나 봐요.
감량과 요요를 반복하면서 깨달았어요. 먹는 걸 절제하는 다이어트는
균형 잡힌 몸매를 만들기도, 유지하기도 어렵다는 것을요. 당장은 살이 쏙
빠져 기분 좋지만, 식욕을 참는 것은 오래 버티지 못해요. 얼마 못 가
폭식하는 순간이 오고 다시 살이 찌는 악순환이 반복되지요.
10년이나 시행착오를 거듭하면서 그걸 알게 되었지 뭐예요.
다이어트는 평생 먹어도 질리지 않는 식단으로 해야 스트레스가 없고
요요현상이 오지 않아요. 맛있고 영양을 갖춘, 배부르면서 살찌지 않는
식단 말이에요. 그런 고민 끝에 찾은 레시피를 이 책에 담았어요.
블로그를 운영하면서 비슷한 경험을 가진 사람들이 참 많다는 걸 알았어요.
아름다운 몸매를 꿈꾸는 모든 사람들에게 응원을 보내요.
맛있게 먹으면서 건강하게 다이어트하세요.

제이제이 박지은

contents

Part 1 새로 쓰는 다이어트 매뉴얼
요요 없는 살빼기 노하우

Part 2 마음껏 먹고 효과는 최강!
新 다이어트 레시피

MENU 01 영양 만점 **아침식사**

MENU 02 간편한 **점심식사 & 도시락**

MENU 03 단백질이 듬뿍! **저녁식사**

MENU 04 외식보다 맛있는 **별식**

PART

1

요요 없는 살빼기 노하우

탄력 있고 균형 잡힌 몸매를 갖고 싶다면 지금까지의 다이어트
상식을 모두 잊어라. 요요 없이 멋진 몸매를 만드는 방법은 따로
있다. 식단 짜기, 조리 요령, 홈메이드 통밀빵과 소스 등 실패 없는
다이어트 성공 노하우를 공개한다.

비만도와 다이어트 플랜짜기

군살 없고 아름다운 몸매를 만들려면 지금의 모습을 정확히 알아야 해요.
먼저 거울 앞에 서서 비만도와 신체지수를 체크하세요.
자신에게 맞는 방법을 찾아야 효율적인 다이어트를 할 수 있어요.

말라깽이가 되고 싶다? No, 부러운 건 몸매다!

길을 가다가 근사한 몸매의 여자가 지나가면 남자는 물론 여자들도 시선을
빼앗기게 마련이다. 그녀가 눈길을 끄는 건 말라서일까? 천만의 말씀. 그
녀의 몸무게는 궁금하지 않다. 탄력 있고 균형 잡힌 몸매가 부러운 것이다.
그렇기 때문에 다이어트는 '어떻게 하면 몸무게를 빨리, 많이 줄일 수 있을
까?'가 아니라 '어떻게 하면 몸을 예쁘게 만들 수 있을까?'에 초점을 맞춰
야 한다.

단순히 살을 빼고 싶다면 적게 먹고 유산소 운동을 열심히 하면 된다. 하지
만 몸무게는 줄었는데 다리는 여전히 굵고 가슴만 더 빈약해졌다면, 피부 탄
력이 없어지고 팔뚝 살이 축 처졌다면 만족할 수 있을까? 이런 살빼기는 상
체는 반쪽인데 다리는 그대로인 하체비만을 만들기 쉽다. 당장은 확 줄어든
몸무게에 즐거울지 몰라도 거울 앞에서 당당하긴 어렵다. 뿐만 아니라 요요
현상으로 다이어트의 늪에서 빠져나오지 못하게 된다.

핵심은 체지방과 근육의 비율이다. 누군가의 몸무게를 알고 나서 "정말? 보
기보다 많이 나가는데?"라고 했다면 그 사람은 근육으로 다져진 사람일 확
률이 크다. 반대로 "생각보다 가볍네"라고 했다면 아마 그 사람은 근육이 적
고 지방이 많은 사람일 것이다. 같은 무게일 경우 근육보다 지방이 부피가 크
기 때문이다. 다시 말해 같은 몸무게라도 지방이 많은 사람이 더 뚱뚱하다.

몸매는 몸무게로 따지기 어렵다. 무작정 체중 감량에만 매달리지 말고 현명한 다이어트를 해야 한다. 몸무게의 환상에서
벗어나야 진짜 멋진 몸매를 만들 수 있다.

나는 어디를 얼마나 빼야 할까?

완벽한 몸매를 만들려면 우선 자신의 몸에 대해 정확히 알아야 한다. 비만 정도에 따라 다이어트 방법이 달라지기 때문이
다. 체질량지수(BMI : Body Mass Index)와 신체치수를 체크해 알맞은 목표를 정한다. BMI는 비만도를 측정하는 지표로 몸
이 어느 수준에 있는지를 비교적 정확하게 알려 준다.

BMI = 몸무게(kg) ÷ 키^2(㎡)

체질량지수에 따른 비만도
18.5 미만 : 저체중   18.5~22.9 : 정상체중   23~24.9 : 과체중
25~29.9 : 1단계(경도) 비만 → 질병 발병률이 높다.
30 이상 : 2단계(고도) 비만 → 질병 발병률과 합병증 발생률이 높다.
※25~27에 해당돼도 뼈와 근육 무게가 많이 나가는 경우 정상체중으로 볼 수 있다.

BMI 18.5~22.9 : 정상체중

몸무게는 정상이니 신체치수에 신경 쓴다. BMI는 단순히 키와 몸무게를 비교한 것이라서 같은 몸무게, 같은 BMI라도 개인마다 근육량, 체지방량이 다르기 때문에 신체치수가 다르다. 다음은 미용을 위한 다이어트용 신체치수 표이다. 이를 참고해 자신이 어디를 얼마나 빼야 하는지 체크한다.

균형 잡힌 신체치수

단위 : cm

키	몸무게	가슴둘레	밑가슴둘레	허리둘레	엉덩이둘레	허벅지둘레	종아리둘레	발목둘레
150	40.0	77.3	64.8	55.5	81.3	44.3	30.8	18.9
152	41.6	78.3	65.7	56.2	82.4	44.8	31.2	19.2
154	43.2	79.3	66.5	57.0	83.5	45.4	31.6	19.4
156	44.8	80.3	67.4	57.7	84.6	46.0	32.0	19.7
158	46.4	81.4	68.3	58.5	85.6	46.6	32.4	19.9
160	48.0	82.4	69.2	59.2	86.7	47.2	32.8	20.2
162	49.6	83.4	70.7	59.9	87.8	47.8	33.2	20.4
164	51.2	84.5	70.9	60.7	88.9	48.4	33.6	20.7
166	52.6	85.5	71.7	61.4	90.0	49.0	34.0	20.9
168	54.4	86.5	72.6	62.2	91.1	49.6	34.4	21.2
170	56.0	87.6	73.4	62.9	92.1	50.2	34.9	21.4

하체비만인 사람은 다리가 잘 붓고 혈액순환이 안 되는 경우가 많다. 짜게 먹으면 소금의 주성분인 나트륨이 몸속에서 수분을 끌어당겨 몸이 붓게 된다. 식단을 짤 때 염분을 줄여 몸이 붓지 않도록 한다. 칼륨이 풍부한 음식도 많이 먹어야 한다. 칼륨은 나트륨이 몸 밖으로 빠져나가도록 돕는다. 바나나, 고구마, 양배추, 연어 등에 칼륨이 많다.

상체비만의 경우는 복부에 쌓인 체지방뿐 아니라 내장지방까지 신경 써야 한다. 윗배가 볼록하게 나왔다면 내장지방을 의심해 봐야 한다. 내장지방은 운동부족, 과식, 설탕, 술, 스트레스 등이 원인이다. 유산소 운동을 꾸준히 하고 기름진 음식과 당분이 많은 음식을 피한다. 지방의 합성을 막는 양파를 매끼 챙겨먹으면 좋다.

BMI 23~29.9 : 과체중~경도비만

식사량을 무리해서 줄이지 말고 기본 식단을 지킨다. 제 시간에 정해진 양을 먹되 탄수화물의 종류와 양을 조절하는 것이 좋다. 밥을 현미밥으로 바꾸고, 밥의 양을 줄이는 대신 단호박이나 고구마 등으로 포만감을 더한다. 돼지고기 등 비타민 B$_1$이 풍부한 식품을 곁들이면 탄수화물이 지방으로 쌓이는 것을 막을 수 있다. 간식은 되도록 오전에 먹고, 저녁식사 이후에는 운동을 하지 않는 한 아무것도 먹지 않는다.

유산소 운동과 무산소 운동을 적절히 섞어서 하면 전체적으로 체지방을 줄일 수 있다. 등산, 킥복싱, 핫요가 등이 효과적이다.

BMI 30 이상 : 고도비만

식사량을 줄이기보다 알맞은 재료와 메뉴로 식단을 바꾼다. 기름진 음식과 정제 탄수화물만 바꾸더라도 큰 도움이 된다. 밥은 현미밥 반 공기에 검은콩이나 달걀흰자프라이, 곤약 등을 담아서 양을 늘린다. 치킨이나 피자 같은 고칼로리 음식은 너무 참기보다 일주일에 한 번 정도로 제한하는 것이 좋다. 밥공기 크기를 줄이고 군것질과 간식들을 조금씩 줄여 나가면 정체기 없는 감량을 쭉 이어갈 수 있다.

특히 고도비만의 경우 갑자기 살을 빼면 칼슘이 소모되고 관절에 무리가 오기 쉽다. 이때는 저지방 우유, 저지방 치즈로 칼슘을 보충하거나 칼슘 보충제를 챙겨 먹는 것이 좋다. 토마토와 브로콜리도 관절을 튼튼히 하는 데 도움이 되니 식단에 꼭 넣는다.

운동은 가벼운 걷기부터 시작해 운동에 익숙해지도록 한다. 하루 한 시간 정도 걸으면 적당하다.

다이어터가 지켜야 할 5가지

다이어트를 할 때는 해야 할 것도 많고 하지 말아야 할 것도 많지요?
기본 수칙 몇 가지만 기억하세요. 원칙을 정해 놓고 시작하면
지키기 쉽고 효과도 훨씬 높아져요.

굶지 않는다

많은 사람들이 '다이어트 = 적게 먹기' 혹은 '굶기'로 생각한다. 하지만 제 때 허기를 채우지 못하면 스트레스를 받게 되고 다음 식사 때 과식을 하기 쉽다. 또 자주 굶으면 기초대사량이 줄어들어 비축양이 늘어나는 데다 굶었다가 음식을 먹으면 흡수가 잘 되어 체지방이 더 잘 쌓인다.

굶거나 적게 먹으면 당장은 몸무게가 줄지만 지방이 줄어드는 것이 아니라 근육이 줄어드는 경우가 많다. 이렇게 되면 조금만 먹어도 살이 찌는 체질로 바뀐다. 섭취 칼로리가 너무 적으면 몸이 생존을 위해 에너지를 비축하려고 하기 때문에 적게 먹어도 쉽게 체지방으로 쌓이는 것이다.

잘 빠지다가 갑자기 정체기가 오고 다이어트 후 일반식으로 돌아가면 순식간에 요요가 오는 게 바로 굶는 다이어트의 부작용이다. 요요 없는 다이어트의 첫 번째 조건은 하루 세 끼를 규칙적으로 먹는 습관을 기르는 것이다.

완벽한 계획보다 기본 수칙을 정한다

다이어트에 실패하는 가장 큰 원인 중 하나가 지나친 욕심과 의욕이다. 다이어트를 시작할 때는 더 빨리, 더 많이 빼고 싶은 마음에 의욕이 넘치게 마련이다. 그러나 음식을 지나치게 절제하다 보면 일주일도 못 가서 폭식을 하거나 포기해 버리는 일이 생긴다. 5일 동안은 식단을 잘 지키다가 주말이 되면 어기고, 다시 5일 동안 지키다가 주말에 또 어기고…. 이것이 반복되다 보면 야심차게 시작한 다이어트가 허사가 되고 만다.

처음부터 다 지키겠다는 생각을 버리고, 한 가지라도 무조건 지키겠다는 각오로 시작한다. 다이어트는 100m 달리기가 아니라 마라톤임을 잊지 말아야 한다. 완벽한 계획을 짜 놓고 지키지 못하느니 지킬 수 있는 기본 수칙을 정하고 꼭 지키는 게 낫다. 식욕이 왕성한 사람이라면 핵심 원칙 하나만 정해 놓고 시작한다. 초반에는 그것만으로도 큰 효과를 볼 수 있다.

체중계를 멀리하고 거울을 가까이 한다

'어제 몸무게가 57. 5kg였는데 오늘 아침에 58kg? 하루 사이에 500g이나 찌다니 어떻게 된 거지? 어제 먹은 것도 별로 없는데 왜 살이 안 빠지는 걸까? 더 적게 먹어야 하나?' 이런 생각은 당장 떨쳐버려야 한다. 몸무게는 하루 중에도 수시로 변

한다. 아침과 저녁이 다르고, 잠자기 전과 후도 다르다. 게다가 운동을 하면 근육은 늘고 체지방은 줄어 몸무게가 오히려 늘기도 한다. 같은 부피일 때 지방보다 근육이 4~5배 무겁기 때문이다.

체지방을 빼고 그 자리를 근육으로 채우면 몸무게가 그대로여도 몸매는 날씬해진다. 그러니 체중계 대신 전신거울을 가까이 두고 하루하루 변해 가는 보디라인을 체크한다. 특히 운동을 병행할 경우에는 몸무게가 늘기 쉽다. 체중계에 오를 때마다 스트레스를 받고 의욕이 떨어질 테니 더더욱 멀리 하는 게 좋다.

물을 많이 마신다

우리 몸은 75%가 수분으로 이루어져 있다. 특히 근육의 대부분을 차지하고 있는 수분은 손상된 근육을 치료하고 재생시키며, 지방을 없애는 대사를 돕는다. 몸에 수분이 부족하면 이러한 작용들이 원활하게 이뤄지지 않아 다이어트 효과가 반감된다. 또한 동물성 단백질은 에너지로 사용되고 나면 독소가 생기는데, 수분이 이를 중화시켜 몸 밖으로 배출하는 역할을 한다. 수분이 충분치 않은 상태로 단백질을 오랫동안 섭취하면 간과 신장에 좋지 않은 영향을 끼치게 되어 건강을 찾기 위해 시작한 다이어트가 오히려 건강을 위협하게 될 수도 있다.

혈액순환과 신진대사를 원활하게 하기 위해 충분한 수분 섭취가 필요하다. 평소 물을 하루 2L 이상, 운동을 할 때는 운동 정도에 따라 빠져나간 수분만큼 더 보충해 마시는 것이 좋다.

잠을 충분히 잔다

다이어트의 기본 3요소는 식단, 운동, 휴식이다. 휴식과 수면을 충분히 취하지 않으면 다이어트 효과가 더뎌지거나 오히려 역효과를 볼 수 있다.

잠이 부족하면 무엇보다 식욕을 억제하는 호르몬인 렙틴의 분비는 줄고 '식욕호르몬'이라고 불리는 그렐린의 분비는 늘어 과식을 부르게 된다. 몸속에 노폐물이 쌓여 신진대사가 원활하지 못하고, 호르몬 이상이나 생리불순으로 이어질 수도 있다.

충분한 수면은 기초대사량과 에너지 소모량을 높여 다이어트를 돕는다. 수면 시간은 하루 평균 7~8시간 정도가 적당하며, 편한 자세로 숙면을 취해야 한다.

저녁을 일찍 먹고 조금 이른 시간에 잠자리에 드는 것이 좋다.

 슬럼프가 왔을 때는…

요리를 한다 다이어트 요리를 직접 만든다. 요리를 하는 동안 포만감이 저절로 든다.

운동법을 바꾼다 같은 운동을 지속하면 지겹기도 하지만 운동 효과에서도 내성이 생기기 쉽다. 유산소 운동과 무산소 운동의 비율을 바꾸거나 운동법에 변화를 준다. 지루함을 없애고 효과도 높일 수 있다.

쇼핑을 한다 맘에 드는 옷을 고르고 입어 본다. 스스로에게 자극을 줄 수 있다.

다이어트 친구를 만난다 혼자 하는 다이어트는 쉽게 지친다. 멘토와 멘티를 만나 동기를 부여한다.

식단 짤 때 기억해야 할 것들

다이어트에 성공하려면 잘 먹는 게 중요해요.
끼니를 거르지 않고 영양도 챙겨야 체지방이 줄면서 요요현상을 막을 수 있어요.
기억하세요. 무엇을 어떻게 먹느냐에 따라 몸매가 달라진답니다.

어떤 음식을 먹어야 할까?

양질의 단백질 식품을 먹는다

단백질은 근육과 장기 등 몸의 대부분을 만들고 호르몬의 원료가 된다. 단백질에 들어 있는 필수아미노산은 음식으로만 섭취할 수 있으며, 조금만 부족해도 몸에 큰 영향을 주기 때문에 꼭 챙겨 먹어야 한다. 단 지방이 적은 살코기, 저지방 우유 등을 골라 먹어 포화지방산의 섭취를 최대한 피한다.

단백질은 분해 과정에서 가스가 생기기 때문에 고단백 식품을 먹을 때는 물을 충분히 마셔 가스를 몸 밖으로 배출해야 한다. 수분이 부족하면 배에 가스가 차고 아플 수 있다.

동물성 단백질 식품 닭가슴살, 소 안심, 돼지 안심, 달걀흰자, 저지방 우유, 저지방 치즈, 흰 살 생선, 고등어, 연어 등

식물성 단백질 식품 콩, 두부

복합탄수화물 식품을 먹는다

탄수화물은 우리 몸의 에너지원이다. 소화 과정을 거치면서 포도당과 과당으로 분해되어 에너지로 쓰이고, 남은 포도당과 과당은 지방으로 바뀌어 몸속에 쌓인다. 탄수화물은 단순탄수화물과 복합탄수화물이 있는데 설탕, 밀가루 등에 들어 있는 단순탄수화물은 흡수가 빠르고 체지방으로 바뀌기도 쉽다. 반면 복합탄수화물은 흡수가 느리고 체지방으로 쉽게 바뀌지 않는다. 또한 식이섬유가 풍부해 음식의 흡수를 더디게 하고 공복감을 줄여 다이어트에 도움이 된다.

복합탄수화물 식품 현미, 통밀, 귀리, 보리, 콩 등

불포화지방산이 풍부한 식품을 먹는다

지방은 우수한 에너지원으로 체온을 유지하고 비타민과 호르몬을 만드는 등 다양한 역할을 하기 때문에 무조건 피해서는 안 된다. 하지만 에너지원의 30% 이상을 지방으로 섭취하면 이상지질혈증이나 동맥경화 등의 원인이 되므로 주의해야 한다.

지방의 종류도 가려 섭취하는 것이 좋다. 지방을 구성하는 지방산은 포화지방산과 불포화지방산이 있는데, 포화지방산은 비만의 원인이 되므로 피한다. 포화지방산은 버터, 고기의 지방 등 동물성 지방에 많이 들어 있다. 불포화지방산은 근육 발달을 돕고 혈중 콜레스테롤을 줄이는 작용을 한다. 부족하면 머리카락이 갈라지거나 윤기가 없어지고 손톱에 이상이 생기거나 생리불순이 올 수도 있으므로 적당히 섭취하는 것이 좋다.

불포화지방산이 풍부한 식품 들깨, 견과, 식물성 기름, 등 푸른 생선, 오리고기 등

GI가 낮은 식품을 먹는다

GI(Glycemic Index)란 탄수화물을 섭취한 뒤 혈당이 오르는 정도를 나타내는 지수다. 혈당이 오르면 인슐린이 분비되어 당을 에너지로 바꾸고, 에너지로 쓰이고 남은 당은 체지방으로 쌓이게 된다. 다시 말해 GI가 높으면 같은 칼로리여도 혈당을 급격히 올리기 때문에 지방으로 쌓이기도 쉽다. 보통 곡식, 콩 등은 GI가 낮은 편이고 설탕, 액상과당 등은 GI가 높은 편이다. 하지만 GI가 높다고 해서 모두 살이 찌는 것은 아니다. 당근은 GI가 80으로 높은 편이지만 탄수화물이 아주 적어 영향이 거의 없다. GI는 곡식, 빵, 국수, 과일, 설탕 등 탄수화물이 많은 식품을 비교할 때 이용한다.

자주 먹는 식품의 GI

55 이하 : 낮다 55~70 : 보통 70 이상 : 높다

설탕 · 과자 · 음료		곡식 · 빵 · 국수		과일	
백설탕	109	바게트	93	딸기잼	82
맥아당	105	식빵	91	파인애플	65
얼음과자	100	떡	85	황도 통조림	63
초콜릿	90	우동	85	건포도	57
벌꿀	88	정백미	84	귤 통조림	57
찹쌀떡	88	롤빵	83	바나나	55
도넛	86	팥밥	77	포도	50
캐러멜	86	베이글	75	망고	49
감자튀김	85	콘플레이크	75	멜론	41
쇼트케이크	82	라면	73	복숭아	41
핫케이크	79	마카로니	71	감	37
쿠키	77	배아미	70	사과	36
메이플시럽	73	크루아상	70	서양배	36
크래커	70	현미플레이크	65	키위	35
카스텔라	69	파스타	65	블루베리	34
감자칩	60	흰죽	57	레몬	34
푸딩	52	현미	56	귤	33
코코아	47	밀가루	55	배	32
젤리	46	호밀빵	55	오렌지	31
천연과즙주스	42	오트밀	55	포도 통조림	31
카페오레	39	메밀국수	54	자몽	31
과당	30	보리	50	파파야	30
커피크림	24	통밀빵	50	살구	29
녹차	10	통밀파스타	50	딸기	29
홍차	10	현미죽	47	아보카도	27

GI를 낮추려면…

통째로 먹는다 정제된 곡식보다 통곡식이 GI가 낮다. 흰 쌀밥보다 현미밥을, 밀가루빵 대신 통밀빵을 먹는다. 과일도 껍질째 먹는다. 과일을 숙성시키거나 갈면 GI가 높아진다.

단시간에 조리한다 조리 시간이 길면 GI가 올라간다. 푹 익힌 음식보다 살짝 덜 익힌 음식이, 구운 음식보다 삶은 음식이 GI가 낮다. 특히 고온에서 튀긴 음식은 피한다.

채소를 곁들인다 채소와 해조류 등 식이섬유가 풍부한 식품을 함께 먹으면 소화 속도가 늦어져 혈당이 천천히 올라간다. 탄수화물이 많은 음식을 먹을 때는 채소를 곁들여 먹는다.

음료 대신 우유를 마신다 시중에서 파는 음료에는 액상과당이나 설탕이 많이 들어 있어 GI가 높다. 음료 대신 저지방 또는 무지방 우유를 마신다.

짜지 않게 먹는다

나트륨은 체액의 산성, 알칼리성을 조절하고 음식이 몸속에 흡수되도록 돕는 전해질의 역할을 하는 등 우리 몸에서 없으면 안 되는 미네랄이다. 하지만 지나치게 섭취하면 음식의 흡수가 빨라져 살이 찔 확률이 높아지고, 수분을 끌어당기는 성질 때문에 부종의 원인이 되기도 한다. WHO가 권장하는 하루 평균 나트륨 섭취량은 2000mg으로 소금 5g에 해당된다. 이는 라면 한 개만 먹어도 채우고 남을 만큼 매우 적은 양이다. 수치에 너무 스트레스를 받을 필요는 없지만 되도록 음식의 나트륨 양을 이와 비슷하거나 조금 넘는 정도로 맞추는 것이 좋다. 싱겁게 먹으면서 칼륨이 풍부한 푸른 채소와 과일을 함께 먹으면 나트륨 배출을 도와 부종을 줄일 수 있다.

나트륨 배출을 돕는 식품 바나나, 토마토, 오이, 다시마, 양배추, 고구마 등

어떻게 먹어야 할까?

아침은 든든하게, 저녁은 가볍게 먹는다

아침 : 점심 : 저녁을 3 : 2 : 1 또는 2 : 2 : 1로 먹는 것이 좋다. 아침은 모든 영양소를 갖춰 포만감 있게 먹는다. 잼이나 과일을 조금 곁들여 몸에서 필요로 하는 당분을 보충하면 늦은 시간의 군것질 욕구를 이기는 데 도움이 된다.
점심은 아침과 비슷한 단백질 섭취량을 유지하고 탄수화물을 줄인다. 대부분의 시간을 앉아서 보내는 학생이나 직장인은 특히 적게 먹어야 한다. 과일은 피하는 것이 좋다.
저녁은 최대한 가볍게 먹는다. 탄수화물을 피하고 단백질을 섭취한다. 적어도 잠자기 4시간 전에는 저녁을 마치고, 그 후에는 아무것도 먹지 않는다. 도저히 배가 고파서 잠이 안 온다면 무지방 우유 ½컵과 방울토마토 4~5개를 먹는다.

현미밥은 아침과 점심에 먹는다

현미밥은 아침이나 점심에 먹는다. 이른 시간에 섭취하는 탄수화물은 연소될 확률이 크기 때문이다. 현미밥 ¼공기에 달걀흰자를 3~4개 섞으면 단백질과 칼로리를 동시에 해결할 수 있다. 반찬은 짜지 않은 것을 곁들이고 국물은 피하는 게 좋다. 현미밥을 지어 ¼공기씩 비닐에 담아 냉동실에 보관해 두고 하나씩 꺼내 먹으면 편하다.

빵은 아침이나 운동 전에 먹는다

가루로 된 탄수화물 식품은 몸에 흡수되는 속도가 빠르기 때문에 활동량이 많은 아침이나 탄수화물을 에너지로 쓰는 운동 전에 먹는 것이 좋다. 특히 아침을 먹고 운동을 할 경우에는 밥보다 빵을 권한다. 빵이 밥보다 흡수가 빨라 흡수된 탄수화물을 바로 에너지로 쓰며 운동할 수 있기 때문이다. 밀가루빵보다 유기농 통곡물빵을 먹는 것이 좋다.

저녁에는 탄수화물 식품을 먹지 않는다

저녁에는 탄수화물 식품이나 과일을 먹지 않는 것이 좋다. 활동량이 적기 때문에 소비되지 않고 체지방으로 쌓이기 쉽다. 다이어트 초반에는 작은 고구마 한 개나 단호박 ⅛개 정도를 곁들이고, 중반부터는 탄수화물 식품 없이 단백질 식품과 채소 등으로 해결한다. 단, 저녁식사 후에 근력운동을 하는 경우에는 에너지로 쓰이는 탄수화물을 섭취한다.

다이어트 정체기에는…

1정체기 먹고 있는 간식 중 한 가지를 빼고 저녁 식단을 밥에서 고구마로 바꾼다.
2정체기 인스턴트커피를 먹지 않고 저녁 식단을 닭가슴살샐러드로 바꾼다.
3정체기 간식을 견과 5개로 제한한다.

단백질 식품은 매끼 먹는다

단백질은 한 번에 30g 정도밖에 흡수되지 않기 때문에 한꺼번에 많이 먹어도 일부만 흡수될 뿐 나머지는 배출되어 버린다. 한 번에 20g 정도씩 매끼 섭취해야 몸에서 효과적으로 쓸 수 있다. 닭가슴살을 기본으로 고기(안심, 우둔 등), 달걀, 두부, 콩, 생선(등 푸른 생선, 흰 살 생선, 황태 등), 해물(새우, 오징어, 홍합 등)을 잘 배분해 매끼 먹는다.
운동 후에는 흡수가 빠르고 수분이 많은 달걀흰자를 먹는 것이 좋다. 저녁에는 비교적 흡수가 느린 닭가슴살을 먹어 자는 동안 지속적으로 영양을 공급받을 수 있게 한다.

과일은 운동 전후에 먹는다

과일은 과당과 포도당이 대부분이어서 몸에 빠르게 흡수된다. 평소에는 체지방으로 쌓이기 쉽지만, 흡수가 빠른 만큼 에너지로 바뀌는 속도도 빠르기 때문에 운동 전에 먹으면 에너지원으로 쓰기 좋다. 특히 운동 후에 GI가 높은 포도나 바나나를 먹으면 운동 후 급격히 떨어진 혈당을 올리는 데 도움이 된다.

칼로리를 꼭 지켜야 할까?

칼로리를 줄이면 살찌는 체질이 된다

섭취 칼로리만 줄이면 살이 빠진다고 생각하기 쉽다. 하지만 섭취 칼로리가 너무 적으면 기초대사량이 줄어 나중에는 먹는 양을 아무리 줄여도 살이 찌는 체질로 바뀌고 만다. 심한 경우, 몸이 위험을 느껴 생존과 직접적인 관계가 없는 신체 기능을 하나씩 멈추기 시작한다. 결국 장기기능저하, 피부노화, 무기력증, 탈모, 생리불순(폐경) 등의 부작용을 일으키게 된다.
성인 여성의 평균 기초대사량(하루 동안 필요한 최소한의 에너지양)은 1200~1300kcal다. 하루 동안 필요한 칼로리는 여기에 활동량을 더해야 하므로 지나친 칼로리 제한은 역효과를 가져올 수 있다.

칼로리는 버리고 영양을 챙긴다

칼로리가 같으면 닭가슴살 대신 빵이나 과자를 먹어도 될까? 밥 한 공기(300kcal) 대신 설탕 50g(200kcal)을 먹으면 살이 빠질까? 결론은 실패다. 총칼로리만 따지는 식단으로는 다이어트에 절대 성공할 수 없다. 그보다 탄수화물, 지방, 단백질의 비율과 당분의 종류, 나트륨의 양 등을 따져야 한다. 보이는 것과 실제로 미치는 영향이 다른 경우도 있다. 당분, 포화지방, 나트륨, 정제탄수화물 등은 칼로리 이상으로 체지방을 만드는 반면 칼로리는 높지만 살찌지 않는 식품도 있다. 검은콩은 100g당 400kcal, 들깨는 100g당 523kcal 정도로 둘 다 칼로리가 높은 편이지만 검은콩의 탄수화물은 대부분 식이섬유이고 들깨의 지방은 대부분 불포화지방산이어서 살이 찌지 않는다. 오히려 식물성 단백질과 비타민, 미네랄이 풍부해 다이어트에 도움이 된다. 칼로리보다 하루 동안 섭취해야 할 영양소를 챙겨야 신진대사가 좋아져 다이어트 효과가 잘 나타난다.

영양성분표시 보는 요령은…

1회 제공량을 확인한다 영양성분 표시는 1봉지가 아니라 1회 제공량을 기준으로 적혀 있고, 1회 제공량은 생각보다 적다. 표기된 1회 제공량을 먼저 확인해 환산한다.
칼로리보다 성분을 살펴본다 칼로리는 높지 않아도 당분과 포화지방이 많은 경우가 있다. 꼼꼼히 살펴보고 이런 경우에는 사지 않는다.
당분의 종류를 살펴본다 설탕 함량은 100mL당 2g 정도면 적은 편, 5g 정도는 보통, 그 이상은 많은 편이다. 당분 중에도 꿀, 조청, 비정제설탕, 결정과당, 올리고당은 괜찮고, 정백당(백설탕), 물엿, 콘시럽, 액상과당, 아스파탐은 피한다.
지방의 종류를 체크한다 총지방량이 많다고 무조건 내려놓을 필요는 없다. 지방의 양보다 포화지방과 트랜스지방을 체크한다. 총지방량이 많아도 포화지방과 트랜스지방이 적으면 안심해도 된다. 원재료에 쇼트닝, 마가린, 정제가공유지, 부분경화유 등이 적혀 있는 것은 피하고 올리브오일, 카놀라유, 대두유, 팜유 등이 적힌 것을 고른다.
나트륨은 적을수록 좋다 나트륨은 적을수록 좋지만 당분만큼 철저하게 제한할 필요는 없다. 하루 권장량인 2000mg를 기억하고 그에 맞춰 섭취량을 조절한다.

무엇을 먹어야 할까?

좋은 식품 vs 나쁜 식품

무조건 덜 먹는다고 살이 빠지나요? 잘 골라 먹으면 많이 먹어도 살이 빠진답니다.
다이어트에 좋은 식품과 피해야 할 식품을 알아 두세요.
똑똑한 다이어트가 멋진 몸매를 만들어요.

다이어트를 돕는 식품

현미

칼로리(100g당) | 354kcal
주요 영양소(100g당) | 단백질 6.4g, 탄수화물 75g, 칼륨 188mg, 비타민 B₁ 0.34mg,
비타민 E 1.7㎍, 식이섬유 3.3g

칼로리는 백미와 비슷하지만 포만감이 오래가고 탄수화물 대사가 잘 돼 지방이 쌓이는 것을 막는 효과가 있다. 비타민 B₁과 비타민 E가 백미의 4배 이상 들어 있고 식이섬유도 풍부하다. 비타민 E는 불포화지방산의 산화를 막기 때문에 불포화지방산이 풍부한 생선이나 콩, 두부와 함께 먹으면 좋다.
현미밥이 거칠어서 꺼리는 사람들이 있는데, 현미를 5~10시간 푹 불려서 불린 검은콩과 다시마 한 조각을 함께 넣고 밥을 지으면 부드럽고 맛있다. 실온에 두면 벌레가 생길 수 있으니 밀폐용기에 담아 냉장 보관한다.

검은콩

칼로리(100g당) | 405kcal
주요 영양소(100g당) | 단백질 35.3g, 칼륨 1,900mg, 칼슘 240mg, 철분 9.4mg, 비타민 B₁ 0.83mg,
식이섬유 17.1g

블랙 푸드의 선두주자로 다이어트에 좋은 칼륨, 비타민 B₁, 식이섬유가 풍부하다. 100g당 단백질이 35.3g이나 들어 있어 60~70g 정도만 먹으면 한 끼에 필요한 단백질을 모두 섭취할 수 있다. 칼로리는 높은 편이지만 지방의 대부분이 불포화지방산이고 탄수화물도 60% 이상이 식이섬유로 이루어져 있어 살찔 염려가 없고 변비 해소에 도움이 된다. 포만감이 좋아 밥에 두거나 쪄서 간식으로 먹으면 좋다.
단단하기 때문에 5~10시간 정도 물에 담가 충분히 불려서 조리한다. 서늘한 그늘에 보관한다.

양배추

칼로리(100g당) | 23kcal
주요 영양소(100g당) | 칼륨 200mg, 칼슘 43mg, 비타민 C 41mg

비타민 C가 풍부해 큰 잎 한 장을 먹으면 하루 필요량의 20%를 섭취할 수 있다. 칼륨은 나트륨의 배출을 돕는다. 칼륨과 나트륨은 밸런스를 맞추는 것이 중요하기 때문에 간이 센 음식을 먹을 때 양배추를 듬뿍 곁들이면 좋다. 식이섬유가 풍부해서 다이어트 기간 중 오기 쉬운 변비를 예방하며, 포만감이 뛰어나 식단에 넣으면 탄수화물의 섭취를 줄일 수 있다. 수분 함유량이 높아 갈증을 풀고 탈수를 막는 데도 도움이 된다.
샐러드로 먹어도 좋고, 쪄서 쌈으로 먹어도 맛있다. 양배추를 썰어서 물에 담가 놓으면 아삭한 맛이 살아나는데, 10분 이상 담가 놓으면 영양소가 녹아 나오니 주의한다. 랩으로 싸서 냉장 보관한다.

양파
칼로리(100g당) | 37kcal

주요 영양소(100g당) | 칼륨 150mg, 칼슘 21mg, 비타민 C 8mg

양파의 매운맛 성분인 유화알릴이 소화액을 분비시켜 신진대사를 활발하게 하고, 혈당을 낮추며, 음식물이 체지방으로 쌓이는 것을 막는다. 또한 항산화 작용이 있어 고기와 함께 먹으면 활성산소를 없앤다. 탄수화물을 에너지원으로 바꾸는 비타민 B_1의 흡수를 돕기 때문에 비타민 B_1이 풍부한 돼지고기를 먹을 때 곁들이면 좋다.

양파는 생으로 먹는 것이 좋다. 찬물에 담갔다 빼거나 소금에 버무려 물에 한 번 헹구면 매운 맛이 빠진다. 볶을 때는 센 불에서 단시간 볶아야 영양소가 파괴되지 않는다. 바람이 잘 통하는 곳에 보관한다.

브로콜리
칼로리(100g당) | 33kcal

주요 영양소(100g당) | 칼륨 360mg, 비타민 A 800㎍, 비타민 B_2 0.2mg, 비타민 C 120mg, 엽산 210㎍, 식이섬유 4.4g

항산화 작용이 있어 활성산소의 생성을 막고 면역력을 높이기 때문에 닭가슴살 식단에 곁들이면 좋다. 비타민 C가 매우 풍부해 100g만 먹으면 하루에 필요한 비타민 C를 모두 섭취할 수 있고, 비타민 B_2, 칼슘, 칼륨 등도 많이 들어 있다. 풍부한 식이섬유는 GI를 낮춰 탄수화물이 지방으로 바뀌는 것을 늦춘다. 살짝 데쳐서 굽거나 볶으면 조리 시간을 줄일 수 있다. 데칠 때 소금을 조금 넣으면 푸른색이 유지된다. 남은 것은 비닐 백에 담아 냉장실에 둔다. 데쳐서 물기를 뺀 뒤 냉동하면 쓰기 편하다.

고구마
칼로리(100g당) | 132kcal

주요 영양소(100g당) | 칼륨 470mg, 비타민 B_1 0.11mg, 비타민 C 29mg, 비타민 E 1.6mg, 식이섬유 2.3g

감자나 단호박에 비해 칼로리는 높지만 GI가 낮아 다이어트에 도움이 된다. 탄수화물의 체내 흡수가 느리고, 식이섬유가 풍부해 다이어트 중에 오기 쉬운 변비를 예방할 수 있다. 칼륨이 100g당 470mg이나 들어 있어 체내의 염분 밸런스를 조절하며, 비타민 C도 많아 한 개(200g)만 먹으면 하루 권장량의 50%를 섭취할 수 있다.

껍질 안쪽에 특히 비타민과 미네랄이 풍부하므로 깨끗이 씻어서 껍질째 먹는 것이 좋고, 쪄서 먹는 것이 칼로리가 가장 낮다. 신문지에 싸서 바람이 잘 통하는 실온에 둔다.

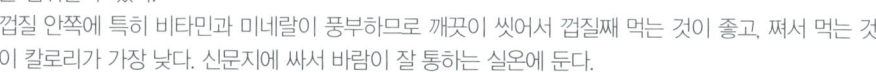

단호박
칼로리(100g당) | 91kcal

주요 영양소(100g당) | 칼슘 15mg, 비타민 A 3,900㎍, 비타민 C 43mg, 비타민 E 4.9mg

칼로리가 낮은 편이고, 수분을 몸 밖으로 내보내 부기를 빼는 데 도움을 준다. 풍부한 비타민 A는 활성산소를 없애고 면역력을 높인다. 혈액순환을 좋게 하는 효능도 있다.

단호박은 달지 않게 조리해야 본래의 맛을 살릴 수 있다. 단호박의 속도 영양이 풍부하므로 버리지 말고 된장찌개 등에 넣으면 좋다. 통째로 보관할 경우에는 서늘한 그늘에 두고, 자른 것은 씨를 뺀 뒤 랩으로 싸서 냉장 보관한다.

파프리카
칼로리(100g당) | 22kcal

주요 영양소(100g당) | 칼륨 190mg, 비타민 A 400㎍, 비타민 C 76mg

다른 채소에 비해 영양성분이 매우 많다. 특히 비타민 C는 지방대사와 스트레스 해소를 돕기 때문에 다이어트에 좋다. 식이섬유와 칼슘, 철분 등도 풍부하다.

기름에 조리하면 비타민 A의 흡수율이 높아진다. 살이 두꺼워 열 조리를 해도 비타민 C의 손실이 적은 편이므로 식물성 기름에 재빨리 볶아 낸다. 남은 것은 비닐 백에 담아 냉장 보관한다.

토마토

칼로리(100g당) | 19kcal

주요 영양소(100g당) | 칼륨 210mg, 비타민 A 540㎍, 비타민 B₁ 0.05mg, 비타민 C 15mg

칼로리가 매우 낮고 식이섬유가 풍부해 포만감이 오래 간다. 비타민이 많을 뿐 아니라 위액 분비를 촉진해 단백질 등의 소화를 돕는다. 풍부한 칼륨이 나트륨 배출을 돕고, 변비 해소에도 효과가 있다.
생으로 먹는 것보다 익혀서 먹는 것이 좋다. 가열하면 영양가가 두세 배 늘어난다. 빨갛게 익은 것은 비닐 백에 담아 냉장고에 두고, 덜 익은 것은 실온에 보관한다.

사과

칼로리(100g당) | 54kcal

주요 영양소(100g당) | 칼륨 110mg, 칼슘 3mg, 비타민 C 4mg, 식이섬유 1.5g

사과에 들어 있는 펙틴이 배변을 촉진해 변비를 없애고, 신진대사를 원활하게 해 칼로리 소모를 돕는다. 비타민 C가 풍부해 피부가 거칠어지는 것을 막고, 폴리페놀 성분은 항산화 작용으로 몸속에 지방이 쌓이는 것을 억제한다. 포만감이 좋아 식전에 사과를 한 개 먹으면 식사량을 줄일 수 있다.
펙틴은 껍질 쪽에 많이 들어 있으므로 되도록 깨끗이 씻어서 껍질째 먹는 것이 좋다. 냉장고나 서늘하고 그늘진 곳에 보관한다.

아몬드

칼로리(100g당) | 598kcal

주요 영양소(100g당) | 칼륨 770mg, 칼슘 230mg, 마그네슘 310mg, 비타민 B₁ 0.24mg,
비타민 B₂ 0.92mg, 비타민 E 31mg

풍부한 비타민 B₁이 당질의 대사를 원활하게 해 체지방이 쌓이는 것을 막고 피로 해소를 돕는다. 지방이 많아 칼로리는 높지만, 지방의 대부분이 불포화지방산인 올레인산이어서 오히려 나쁜 콜레스테롤을 줄인다.
포만감이 좋고 영양이 풍부해 간식으로 조금씩 먹으면 다이어트에 도움이 된다. 공기와 닿으면 지방이 산화되므로 반드시 밀봉해 둔다.

닭가슴살

칼로리(100g당) | 109kcal

주요 영양소(100g당) | 단백질 23.1g, 비타민 A 5㎍, 비타민 B₂ 0.19mg

지방이 적고 단백질이 풍부하며 칼로리가 낮아 다이어트 식단에 빠지지 않는다. 닭가슴살 100g에 들어 있는 지방은 1g 정도로, 그 중에서도 70% 정도가 몸에 좋은 불포화지방산으로 이루어져 있다. 필수아미노산과 필수지방산도 풍부해 근육 발달을 돕고, 소화흡수가 느리기 때문에 포만감이 오래 간다. 삶거나 오븐에 구워 먹는 것이 좋으며, 고기의 결과 수직이 되게 썰어야 연하다. 손질해서 냉동해 두면 편리하다.

생선

칼로리(100g당) | 202kcal

주요 영양소(100g당) | 단백질 20.7g, 비타민 B₂ 0.28mg, 비타민 B₁₂ 10.6㎍,
비타민 D 11㎍, 비타민 E 0.9㎍

닭가슴살 못지않은 양질의 단백질 식품이다. 흰 살 생선은 칼로리가 낮고, 고등어, 꽁치 등의 등 푸른 생선은 중성지방을 줄이는 필수지방산인 DHA와 EPA가 풍부하다. 또한 고등어는 불포화지방산의 산화를 막는 비타민 E가 함께 들어 있어 질 좋은 지방을 산화시키지 않고 흡수할 수 있다. 아미노산의 일종인 히스티딘은 식욕을 억제하는 역할을 한다.
오븐에 굽거나 팬에 유산지를 깔고 구우면 담백하다. 오래 보관하려면 손질 후 밀폐용기에 담아 냉동한다.

다이어트를 방해하는 식품

패스트푸드 · 치킨

햄버거, 피자, 도넛, 치킨 같은 음식은 칼로리가 높을 뿐 아니라 포화지방산과 탄수화물, 당류, 나트륨 등이 많다. 가장 문제가 되는 것은 트랜스지방이다. 트랜스지방은 필수지방산의 활동을 방해하고 몸속의 영양 물질을 빠져나가게 하며 노폐물을 쌓이게 한다. 또한 정제된 설탕과 소금이 많이 들어 있어 칼슘 등의 미네랄을 녹여 배설시키고 신진대사를 방해한다. 패스트푸드를 피해야 하는 이유는 단순히 칼로리가 높아서가 아니라 몸에 해로운 작용을 하는 방해꾼이기 때문이다.

떡

지방은 많지 않지만 GI가 80~100으로 매우 높은 편이고, 칼로리도 100g당 200kcal를 훌쩍 넘는다. 쌀밥이나 현미밥보다 떡의 GI가 높은 것은 알곡을 가루로 만들어 흡수가 빠르기 때문이다. 또한 떡에는 생각보다 많은 양의 설탕과 소금이 들어간다. 팥앙금 등의 소가 들어가면 GI는 더 높아진다. 밥은 채소 반찬을 곁들여 먹어 GI를 낮출 수 있지만, 떡은 보통 그것만 먹기 때문에 보완하기 어렵다.

튀김 · 과자

칼로리보다 트랜스지방이 더 문제다. 요즘은 '트랜스지방 0'이라고 하는 제품이 나오지만 이는 트랜스지방이 전혀 들어 있지 않다는 뜻이 아니다. 성분 표시에는 1회 섭취량의 트랜스지방 함량이 0.5g 이하일 경우 표기하지 않는다. 마가린이나 가공유지, 쇼트닝 대신 카놀라유, 올리브오일 등의 식물성 기름을 써서 트랜스지방이 없다고 광고하는 제품들도 의심해 봐야 한다. 식물성 기름이라도 재사용하면 구조가 불안정해져 트랜스지방이 생긴다. 매번 새 기름을 쓰지 않는 이상 트랜스지방 걱정을 하지 않을 수 없다.

케이크

당분과 지방이 모두 많아 한 조각만 먹어도 영향이 크다. 치즈케이크 한 조각(70g)의 칼로리는 200kcal에 육박하며, 포화지방산은 하루 권장량의 49%나 들어 있다. 당분도 GI가 높은 설탕이어서 혈당 수치를 빠르게 올리고 지방 축적을 돕는다. 케이크 자체에도 지방이 많은 데다 지방 흡수까지 잘 되기 때문에 다이어트 중에는 피해야 한다.

탄산음료

콜라 1캔(350ml)의 칼로리는 160kcal이고, 각설탕 10개 정도에 해당하는 당분이 들어 있다. 한마디로 설탕물을 마시는 셈이다. 특히 식후나 식사 중에 마시면 혈당치를 급격히 올려 섭취하는 칼로리를 몸에 착실하게 쌓는다. 게다가 탄산음료의 당분 중 많은 부분을 차지하는 포도당은 설탕보다 더 빠르게 흡수된다.

무설탕 음료라고 해도 마음 놓고 마셔서는 안 된다. 설탕이 들어가지 않았다는 뜻일 뿐 오히려 더 나쁜 액상과당이나 고과당 시럽이 들어있을 수 있다. 과일주스 역시 무설탕에 100% 과일 농축액이라고 해도 농축액 자체에 설탕이나 액상과당이 들어 있을 가능성이 높다. 인공감미료를 넣은 음료도 자주 마시면 부작용이 있을 수 있으므로 주의해야 한다.

커피도 방심할 수 없다. 아메리카노는 50kcal 이하지만, 커피믹스나 캔 커피는 칼로리가 높다. 커피전문점의 커피 중에는 400kcal나 되는 고칼로리 커피도 있다.

가볍게, 맛있게, 배부르게!

칼로리 줄이고 맛 살리는 조리 비법

다이어트 중이라도 맛없는 음식, 배고픈 식사는 참을 수 없지요.
염분과 칼로리를 줄이면서 맛 살리고 포만감 높이는 조리 비법이 있어요.
즐겁게 다이어트해야 효과도 좋답니다.

달걀, 채소 등으로 포만감을 높인다
현미밥은 GI가 낮고 식이섬유가 풍부해 포만감이 오래 가는 장점이 있지만, 칼로리는 오히려 쌀밥보다 높은 편이다. 밥의 양을 조금 줄이고, 빈자리를 채소와 단백질 식품으로 채우면 포만감을 더할 수 있다. 달걀프라이나 스크램블드에그를 밥에 섞으면 양질의 단백질을 보충하면서 양을 늘릴 수 있다. 이런 경우 채소 반찬을 곁들이면 좋다. 닭가슴살 같은 동물성 단백질 식품이 들어가는 음식은 검은콩이나 곤약을 넣고, 식물성 단백질 식품이 들어가는 음식은 달걀흰자를 넣는다.

과일을 갈아 넣는다
불고기 양념, 고추장 양념 등을 만들 때 설탕 대신 배, 파인애플 등을

갈아 넣는다. 단맛이 날 뿐 아니라 고기가 부드러워져 일석이조다. 배와 파인애플에는 단백질 분해효소가 들어 있어 단백질의 흡수도 좋아진다. 짜장, 탕수소스 등 농도를 내야 할 때는 녹말가루나 밀가루 대신 바나나를 조금 갈아 넣는다. 걸쭉해지면서 단맛까지 나서 설탕을 넣지 않아도 된다.

고추, 허브 등으로 맛을 낸다
고추, 마늘, 생강, 허브, 깨소금 등으로 맛과 향을 더하면 간을 약하게 해도 맛있게 먹을 수 있다. 그뿐 아니라 고추의 캅사이신은 신진대사를 활발하게 하고 지방을 연소시켜 다이어트에 도움이 된다. 생강은 혈액순환을 도와 몸을 따뜻하게 만들고, 마늘은 노폐물의 배설을 돕는다. 식초나 레몬즙으로 새콤하게 양념해도 짠맛을 줄일 수 있다.

멸치국물을 쓰고 양념에 미리 잰다
국물이 있는 음식은 물 대신 멸치국물이나 가쓰오부시국물을 쓴다. 간을 덜 해도 깊은 맛이 나

소금 사용량을 줄일 수 있다. 고기를 양념할 때에는 양념에 미리 재어 둔다. 맛이 속속들이 배어 적은 양념으로 풍부한 맛을 낼 수 있다.

저염 간장을 쓴다
간을 맞출 때는 저염 간장, 된장, 간장, 소금·고추장 순으로 쓴다. 같은 양일 경우 저염 간장의 염분이 가장 적고 소금과 고추장이 가장 많다. 일반 간장은 물이나 멸치국물을 1：1로 섞어 쓴다. 소금도 저염 소금을 쓰는 것이 좋다. 허브소금은 적은 양으로 풍부한 맛을 낼 수 있다.

기름 대신 물을 넣고 볶는다
칼로리를 낮추는 조리법은 찌기·삶기, 끓이기, 기름 없이 굽기, 기름에 볶기 순이다. 볶을 때도 기름을 되도록 적게 쓴다. 금방 익는 재료는 팬에 기름을 살짝 바르고 볶고, 당근처럼 오래 익혀야 하는 재료는 기름 대신 물을 넣고 볶듯이 조린다.

식물성 기름을 쓴다

버터는 포화지방산이 많으므로 식물성 기름을 쓴다. 채소는 올리브오일에 볶고, 해물이나 고기를 볶을 때는 발화점이 높은 카놀라유를 쓴다. 포도씨유는 오메가 6가 많아서 다이어트에 도움이 되지 않는다. 오메가 6를 지나치게 섭취하면 세포막의 신진대사가 떨어져 대사증후군이 올 수 있고, 지방이 쌓이는 속도도 빨라진다.

볶음밥보다 덮밥이 좋다

열 조리 시간이 길수록 음식의 혈당지수(GI)가 높아져 흡수 속도가 빨라지고 체지방 축적이 잘 된다. 같은 재료라도 불에 볶는 볶음밥보다 덮밥이나 비빔밥이 다이어트에 더 좋은 이유다. 최대한 단시간에 볶거나 레시피를 덮밥으로 바꾼다.

미리 준비해 두면 좋은 재료

검은콩 | 쪄서 냉장 보관한다

밥에 섞거나 샐러드드레싱을 만들면 포만감이 높이고 단백질을 보충할 수 있다. 출출할 때 간식으로 먹어도 좋다. 넉넉히 쪄서 냉장 보관하면 쓰기 편하다.

재료 검은콩 2컵, 물 4작은술
만들기 ❶ 검은콩을 깨끗이 씻거 물에 담가 5시간 이상 푹 불린다.
❷ 불린 검은콩을 밥솥에 담고 물을 뿌려 '잡곡' 코스로 익힌다.

닭가슴살 | 손질해 냉동 보관한다

한 번에 1.5kg 정도씩 손질해 두면 쓰기 편하다. 한꺼번에 많은 양을 손질하면 우유도 적게 든다. 3~4쪽은 냉장실에 두고 2~3일간 먹고, 나머지는 비닐 백에 담아 냉동한다. 얼린 닭가슴살은 먹을 때 오븐에 바로 굽거나 먹기 전날 냉장실로 옮겨 서서히 녹인다. 우유 대신 막걸리에 담가 두어도 되는데, 막걸리 냄새가 느껴질 수 있으니 양념하지 않는 요리는 막걸리보다 우유를 쓰는 것이 좋다.

재료 닭가슴살 3쪽, 무지방 우유 ½컵, 로즈메리 조금, 허브소금·후춧가루 조금씩
만들기 ❶ 닭가슴살을 흐르는 물에 깨끗이 씻는다.
❷ 닭가슴살 양면에 칼집을 내어 우유에 20분 정도 담가 둔다. 누린내가 빠지고 고기가 부드러워진다. 우유에 담근 채 냉장고에서 하루 정도 숙성시키면 더 좋다.
❸ 닭가슴살을 우유에서 건져 헹구지 말고 그대로 허브소금과 후춧가루, 로즈메리를 뿌려 켜켜이 잰다.

홈메이드 통밀빵

통밀베이글

재료 (8개) 유기농 통밀가루 230g, 우리밀 통밀가루 150g, 이스트 5g, 소금 4g, 미지근한 물 200mL

1 가루 섞기 통밀가루를 체에 내린 뒤 이스트, 소금을 넣고 이스트와 소금이 서로 닿지 않게 밀가루와 섞는다.

2 반죽하기 ①의 통밀가루에 미지근한 물을 넣고 반죽한다.

3 1차 발효시키기 반죽에 랩을 씌워 실온에서 2배가 될 때까지 발효시킨다.

4 가스 빼고 휴지시키기 반죽을 주걱으로 꾹 눌러 가스를 빼고 8등분해 둥글린 뒤 랩을 씌워 15분간 그대로 둔다.

데쳐서 구우면 겉이 바삭해요. 유산지째 넣어 데쳐야 모양이 예뻐요.

5 모양 만들기 반죽을 길게 밀어 베이글 모양을 만든다. 끝부분에 물을 묻히면 잘 붙는다.

6 2차 발효시키기 유산지 위에 반죽을 얹어 1.5배 정도 부풀 때까지 30~40분 동안 발효시킨다.

7 데치기 끓는 물에 반죽을 유산지째 넣어 앞뒤로 30초씩 빠르게 데친다. 유산지는 반죽을 뒤집을 때 뗀다.

8 굽기 오븐 팬에 유산지를 깔고 반죽을 올려 200℃로 예열한 오븐에 15분간 굽는다.

100% 통밀빵을 준비해 두면 다이어트 효과를 높일 수 있어요.
시중에서 파는 곡물식빵, 호밀식빵 등은 포화지방산이 들어 있거든요.
지방을 쏙 뺀 홈메이드 통밀빵이라면 마음껏 먹을 수 있답니다.

통밀식빵

재료(2개) 유기농 통밀가루 510g, 우리밀 통밀가루 130g, 이스트 10g, 소금 9g, 꿀 45g, 무지방 우유 225mL, 레몬즙 15mL, 미지근한 물 250mL

1 가루 섞기 통밀가루를 체에 내린 뒤 이스트, 소금을 넣고 이스트와 소금이 서로 닿지 않게 밀가루와 섞는다.

2 버터밀크 만들기 무지방 우유와 레몬즙을 섞어 젓지 말고 그대로 10분간 둔다.

여름에는 1시간, 겨울에는 1시간 10분~ 2시간 정도 발효시키면 알맞아요.

구멍이 차오르면 발효가 덜 된 것이고, 쑥 꺼지면 지나치게 발효된 거예요.

3 반죽하기 미지근한 물에 꿀을 타서 ②의 버터밀크와 함께 ①의 통밀가루에 넣고 반죽한다.

4 1차 발효시키기 반죽 겉면이 매끈해지면 랩을 씌워 실온에서 1.5~2배가 될 때까지 발효시킨다.

5 발효상태 확인하기 반죽을 손가락으로 찔러 보아 구멍이 그대로 유지되면 발효가 잘 된 것이다.

6 가스 빼고 휴지시키기 반죽을 주걱으로 꾹 눌러 가스를 뺀 뒤 4등분해 둥글린다. 젖은 면 보자기나 비닐을 씌워 15분간 둔다.

오븐이나 전자레인지에 넣어 두면 반죽이 마르는 것을 막을 수 있어요.

7 밀대로 밀기 반죽을 밀대로 밀면서 가스를 뺀다.

8 모양 만들기 양끝을 돌돌 말아 맞붙인다. 다시 양끝을 말아 한 덩어리로 만든 뒤 이음새를 붙인다.

9 2차 발효시키기 두 개의 식빵틀에 유산지를 깔고 반죽을 두 덩이씩 담아 2차 발효시킨다.

10 굽기 반죽이 1.5~2배 부풀면 200℃로 예열한 오븐에 20분간 굽는다.

홈메이드 소스 & 치즈

요리에 쓰는 치즈나 소스를 집에서 만들면 염분, 당분, 지방 등을 줄일 수 있고
첨가물도 없어 다이어트에 훨씬 도움이 돼요. 쓰임새도 많아
미리 만들어 두면 다양한 요리를 즐길 수 있어요.

두부마요네즈

재료 두부 35g, 아몬드 슬라이스 ¼컵, 올리브오일 1작은술,
올리고당 · 매실청 ½작은술씩, 두유 30mL

1 아몬드 볶기 달군 팬에 기름 없이 아몬드를 볶는다.

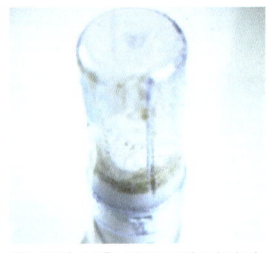

2 갈기 볶은 아몬드와 나머지 재료를 모두 믹서에 넣어 곱게 간다.

참치김밥, 샌드위치, 샐러드 등에 써요. 냉장고에 3일 정도 보관할 수 있지만 그때그때 만들어 먹는 게 좋아요.

토마토소스

재료 토마토 통조림 1통(400g), 토마토페이스트 2큰술, 다진 양파 1개분,
다진 마늘 2큰술, 바질가루 · 파슬리가루 조금씩, 올리브오일 조금, 물 ¾컵

1 양파 · 마늘 볶기 팬에 올리브오일을 조금 바르고 다진 양파와 다진 마늘을 넣어 중약불로 타지 않게 볶는다.

2 토마토 통조림 · 페이스트 넣기 마늘 향이 나면 토마토 통조림과 토마토페이스트, 물을 넣어 끓인다.

3 바질가루 · 파슬리가루 넣기 바질가루와 파슬리가루를 넣고 약한 불에서 저어 가며 뭉근히 끓인다.

 파스타, 리소토, 그라탱 등에 넣어요. 냉장고에 1주일 정도 보관할 수 있어요. 1회분씩 담아 냉동해 두면 쓰기 편해요.

코티지크림치즈

재료 무지방 우유 1.5L, 저지방 플레인 요구르트 ½컵, 레몬즙 2큰술, 소금 조금

1 끓이기 재료를 모두 섞어 약한 불로 30~40분간 끓인다.

2 거르기 몽글몽글하게 덩어리가 지면서 우유물이 투명해지면 체에 면 보자기를 깔고 거른다.

3 갈기 걸러진 치즈덩어리와 밑으로 빠진 유청 5큰술을 믹서에 넣고 곱게 간다.

파슬리나 과일잼을 넣고 갈면 더 맛있어요. 냉장고에 넣어 두면 더 부드럽고 쫀쫀해진답니다. 냉장 보관하면 1주일 정도 먹을 수 있어요. 남은 유청은 버리지 말고 통밀빵을 만들 때 물이나 우유 대신 넣으세요. 맛과 향이 좋아지는 것은 물론 발효가 잘 되고, 구울 때도 잘 부풀어요.

초콜릿버터

재료 바나나 ¼개, 땅콩버터 1큰술, 무가당 코코아가루 2작은술

갈기 재료를 모두 믹서에 넣어 곱게 간다.

빵에 발라 먹으면 맛있어요. 냉장고에 2~3일 보관할 수 있지만 그때그때 만들어 먹는 게 좋아요.

JJ가 추천하는 시판 소스 ♥

헌츠 토마토페이스트 토마토가 많이 들어가고 첨가물이 적다. 닭가슴살과도 잘 어울린다.
마이어 홀그레인 머스터드 지방과 나트륨이 적다. 샌드위치 스프레드, 샐러드드레싱 등을 만들 때 쓰며 통밀빵과 잘 어울린다.
하인즈 머스터드 칼로리가 낮고 당분과 나트륨이 적다. 감자, 닭가슴살, 오리고기 등과 잘 어울린다. 다진 피클과 다진 양파, 두부마요네즈를 섞으면 저칼로리 타르타르소스가 된다.
기코망 저염 간장 짠맛은 그대로이면서 염분은 절반 수준이다. 이마트에서 파는 '스마트 이팅 ½ 나트륨 양조간장'도 좋다.
백설 남해 굴소스 굴의 함량은 중상 정도지만 액상과당이 없다. 짜기 때문에 1인분에 1작은술 이상 넣지 않는다.
오뚜기 레드와인 발사믹 드레싱 포화지방산과 나트륨이 적은편이다. 오리엔탈 소스와 비슷한 맛이 나 먹기 좋다.
복음자리 땅콩버터 땅콩 함량이 90%로 당분과 포화지방산이 적은 편이다. 빵에 발라 먹거나 소스 등에 넣는다. 1인분에 1큰술 이상 쓰지 않는다.

다이어트 외식 메뉴

아무리 다이어트 중이라도 회식, 모임, 친구 생일파티 등은 피해 갈 수 없어요.
이럴 땐 현명하게 먹는 방법을 찾아야지요.
맛있고 부담 없는 외식 메뉴와 잘 먹는 요령을 알려 드릴게요.

월남쌈

채소와 살코기를 라이스페이퍼에 싸먹는 월남쌈은 최고의 선택이라고 할 수 있다. 칼로리와 GI는 낮으면서 영양은 풍부해 많은 다이어터의 외식 메뉴 1순위로 꼽힌다. 채소는 각종 미네랄과 비타민의 보고일 뿐 아니라 함께 먹는 라이스페이퍼의 GI를 낮추는 역할도 한다. 닭 안심, 닭가슴살, 쇠고기 등 양질의 단백질도 함께 섭취할 수 있어 영양 균형을 맞출 수 있다.

먹을 때는 이렇게

- 소스를 적게 먹는다. 음식점마다 차이는 있지만 대부분의 소스에는 당분이 많이 들어 있다. 땅콩소스는 염분과 포화지방산도 많다.
- 고기의 간이 세므로 한 번에 많이 먹지 않는다.
- 쌀국수는 탄수화물이 많다. 채소는 듬뿍, 쌀국수는 조금만 넣고 싸 먹는다.

오리로스구이

오리고기는 불포화지방산이 돼지고기의 두 배, 닭고기의 다섯 배, 쇠고기의 열 배 정도 많다. 오리고기의 불포화지방산은 콜레스테롤을 줄이는 효과가 있어 동맥경화, 고혈압 등의 성인병을 예방한다. 다른 고기에 비해 칼로리가 낮아 부담 없이 단백질을 섭취할 수 있다. 무엇보다 오리고기의 지방은 수용성이라서 몸에 쌓이지 않고 물에 씻겨 내려간다. 같은 오리고기라도 훈제보다는 로스구이를 추천한다. 오리고기 100g의 경우 훈제는 154kcal, 로스구이는 82kcal이다. 훈제오리에 들어가는 나트륨까지 생각하면 로스구이를 먹는 것이 현명하다.

먹을 때는 이렇게

- 쌈장을 멀리한다. 고기에 간이 어느 정도 되어 있다.
- 무절임 등 염분이 많은 반찬 대신 신선한 채소와 구운 양파, 부추 등을 곁들여 먹는다.
- 고기와 채소로 배를 채우고 밥을 먹지 않는다. 쌀밥은 GI가 높다. 탄수화물이 당기면 밥보다 감자를 먹는다.
- 찌개는 건더기만 먹는다. 국물은 염분이 많다.

쇠고기 스테이크

단백질은 근육 발달에 꼭 필요한 영양소다. 고단백, 저지방의 살코기를 최소한의 양념으로 구운 스테이크는 부담 없이 양질의 동물성 단백질을 섭취할 수 있어 다이어터에게 추천하는 메뉴 중 하나다. 잊지 말아야 할 것은 메뉴를 고를 때 부위를 꼭 확인해야 한다는 것이다. 지방이 많은 꽃등심은 피하고, 지방이 적은 안심을 고른다. 안심 다음으로는 설도, 채끝등심 순으로 지방이 적다. 여기에 채소와 구운 고구마 등을 곁들이면 완벽한 다이어트 식단이 된다.

먹을 때는 이렇게

- 립아이와 티본스테이크는 지방이 많으므로 피하고, 안심스테이크를 먹는다.
- 곁들이로 나오는 구운 감자나 고구마는 버터나 크림을 빼 달라고 한다. 또 감자보다는 GI가 낮은 고구마가 더 낫다. 가능하다면 스테이크도 버터 없이 구워 달라고 한다.
- 소스를 적게 먹는다. 고기에 밑간이 되어 있다.

생선 스테이크

단백질이 풍부하고 지방이 적은 흰 살 생선은 훌륭한 다이어트 식품이다. 다만 생선 스테이크에는 타르타르소스나 크림소스를 곁들이는 경우가 많아 자칫하면 칼로리 폭탄을 맞을 수 있다. 소스를 꼭 확인하고, 지방이 많은 소스라면 먹지 않는다. 발사믹소스나 올리브오일을 쓰는 지중해식 조리법으로 구운 것이 좋다. 연어스테이크도 좋은데, 연어는 대부분 타르타르소스를 곁들이기 때문에 주의해야 한다.

먹을 때는 이렇게

- 소스를 확인하고, 지방이 많은 소스면 피한다. 가능하다면 소스를 따로 달라고 하거나 다른 메뉴를 고른다.
- 구운 채소와 샐러드를 곁들여 먹는다. 곁들이가 고칼로리 음식이면 먹지 않는다.

샤부샤부

쇠고기를 국물에 데쳐 먹기 때문에 기름기가 적고, 채소를 함께 먹어 영양 균형을 맞출 수 있다. 맛도 담백해 다이어트식으로 알맞다. 처음에 채소를 많이 먹어 배를 어느 정도 채운 다음 해물, 고기, 어묵 등을 먹으면 성공적인 외식이 된다. 하지만 마지막 코스인 칼국수나 죽은 먹지 않는 것이 좋다. 밀가루 음식인 칼국수는 GI가 높고 소금이 많이 들어간다. 국물에 밥을 끓이는 죽도 밥보다 흡수가 빨라 다이어트를 방해한다.

먹을 때는 이렇게

- 채소, 해물, 고기, 어묵, 만두, 죽, 칼국수 순으로 먹는다. 만두, 죽, 칼국수는 되도록 먹지 않는 것이 좋다.
- 고기는 지방이 어느 정도 들어 있으므로 많이 먹지 않는다.
- 건더기만 먹고 국물은 먹지 않는다. 국물에는 염분이 많아 부종의 원인이 된다.
- 국물이 짜지지 않도록 중간 중간 물을 붓는다.

채식 뷔페

한식은 칼로리가 낮을 뿐 아니라 영양이 균형 잡혀 있고 신체대사기능을 정상화시킨다. 특히 채소, 나물 등이 풍부한 채식 뷔페는 짜거나 기름진 음식이 적고 밥도 현미밥이나 잡곡밥이 준비되어 있어 다이어터에게 아주 좋은 외식 메뉴다. 요즘은 조미료를 쓰지 않고 심심하게 간한 사찰음식을 먹을 수 있는 곳도 있고 자연식을 내세우는 곳도 많아 입맛에 맞게 고를 수 있다.

먹을 때는 이렇게

- 밥보다 채소와 두부, 묵 등을 많이 먹는다. 잡곡밥, 현미밥이라도 많이 먹으면 다이어트 효과를 보기 어렵다.
- 국물은 소금만 먹는다. 간이 심심하다고 해도 많이 먹으면 염분 섭취량이 많아진다.
- 떡과 튀김을 먹지 않는다. GI와 칼로리가 높다.

외식을 할 때는…

메뉴를 내가 정한다 메뉴를 정할 때 무심히 다른 사람에게 맡겼다가는 한 끼 식사로 체지방이 3%나 늘어나 버릴지도 모른다. 적극적으로 나서 칼로리는 낮고 영양은 풍부한 메뉴로 유도한다.

80%만 배부르게 먹는다 평소 먹지 못하는 음식들이 눈앞에 펼쳐지더라도 자제력을 잃어서는 안 된다. 어떤 음식이든지 배부를 정도로 먹지 않는다. 젓가락만 사용해 천천히 먹고, 조금 부족한 듯할 때 젓가락을 내려놓는 습관을 들인다.

다음 끼니에서 탄수화물을 줄인다 어쩔 수 없이 과식을 했다면 다음 끼니에서 탄수화물의 섭취를 줄인다. 단백질 식품 위주로 식사하고 운동을 한다.

함께 하면 효과 두 배!
다이어트를 완성하는 운동

식단 조절과 운동을 함께 하면 다이어트 효과가 훨씬 커져요.
특히 근력을 키우는 웨이트트레이닝은 탄력 있고 균형 잡힌 몸매를 만들어 준답니다.
완벽한 몸매를 원한다면 지금 바로 시작하세요.

운동이 균형 잡힌 몸매를 만든다

우리 몸은 대부분 비대칭이며, 상체나 하제 어느 한 부분만 유독 살찐 경우가 많다. 다이어트를 해도 하체비만인 경우는 상체만 빠지고 상체비만인 경우는 하체만 빠져 원하는 효과를 보지 못한다.
이상적인 몸매를 만들려면 몸의 균형을 바로잡아야 한다. 근육이 없는 곳에는 근육을 만들고, 근육이 지나치게 발달된 곳은 근육을 이완시켜 불균형을 해소해야 한다. 이는 식단 조절만으로는 어렵다. 균형 잡힌 몸매를 만들려면 근력운동인 웨이트트레이닝을 병행하는 게 좋다.
운동은 초보자의 경우 1주일에 5회, 한 번에 1시간 30분씩 하면 적당하다. 준비운동 5분 → 스트레칭 → 웨이트트레이닝 50분 → 유산소 운동 30분 → 정리 스트레칭의 순으로 진행한다.

근육을 키워 기초대사율을 높인다

운동 하면 흔히 조깅 등 유산소 운동을 생각한다. 유산소 운동을 꾸준히 하면 살은 빠진다. 하지만 유산소 운동은 지방만 태우는 것이 아니라 단백질을 함께 태우기 때문에 유산소 운동만 하면 지방과 근육이 함께 빠져나가 기초대사율이 떨어진다. 기초대사율이 낮아지면 조금만 먹어도 살이 찌고, 운동을 잠시만 쉬어도 금방 살이 붙는 스펀지 같은 체질이 된다.
요요현상이 오지 않게 하려면 기초대사율을 높여야 한다. 근육은 가만히 숨만 쉬고 있어도 하루에 1kg당 100kcal 정도의 칼로리를 소모하므로 근육이 많으면 자연히 기초대사율이 높아진다. 많이 먹어도 살이 덜 찌는 체질이 되는 것이다. 꾸준한 웨이트트레이닝으로 근육의 양을 늘려야 요요 없는 다이어트에 성공할 수 있다.

유산소 운동과 웨이트트레이닝을 병행하면 효율이 좋아진다

유산소 운동은 일정 시간 지속적으로 운동을 해야 효과가 나타난다. 초반에는 탄수화물 연소율이 높고 지방 연소율이 낮기 때문이다. 운동 강도와 본인의 최대심박수 등에 따라 차이가 있지만, 보통 30분 이상 지속해야 지방을 어느 정도 태울 수 있다.
유산소 운동을 하기 전에 웨이트트레이닝을 하면 운동 효율이 좋아진다. 웨이트트레이닝을 하면 몸이 지방을 태우기 좋은 여건으로 바뀌기 때문에 유산소 운동을 시작하면서 바로 지방 연소율이 높아진다. 1시간 운동을 해도 유산소 운동만 하기보다 30분 동안 웨이트트레이닝을 하고 유산소 운동을 30분간 한다. 지방 연소가 더 잘 될 뿐 아니라 근육이 생겨 칼로리 소모량이 늘어나는 효과까지 있다.

운동이 끝나도 칼로리는 계속 소모된다

운동을 하면 그 후에도 체지방 연소 작용이 어느 정도 계속 이어진다. 유산소 운동의 경우 잠자리에 들기 전까지 지속되며, 웨이트트레이닝을 하면 지속 시간이 더 길다. 웨이트트레이닝을 30분 정도 하면 길게는 이틀 뒤까지 대사율이 20% 정도 높아진다.

또한 운동을 하면 근육이 손상을 입어 통증이 생기는데, 손상된 근육을 스스로 치료하기 위해 끊임없이 에너지를 쓴다. 웨이트트레이닝을 하고 나서 근육통이 생겼다면 운동이 아주 잘 되어 적게나마 칼로리가 소모되고 있는 중이라고 생각하면 된다. 이 상태에서 충분한 휴식을 취하고 영양을 섭취하면 근섬유가 질겨지고 부피가 커진다.

웨이트트레이닝의 기본 운동법

부위별로 나눠서 운동한다
하루에 전신을 모두 운동하면 힘만 들고 피로 물질인 젖산만 쌓일 뿐 각 부위의 운동 효과는 떨어진다. 웨이트트레이닝의 목표는 단순한 칼로리 소모가 아니라 근육을 키워 기초대사율을 높이고 탄력 있는 몸매를 만드는 것이다. 가슴, 등, 하체 세 부위로 나눠 하루에 한두 부위씩 겹치지 않게 운동하는 것이 좋다.

연관 근육을 함께 운동한다
서로 연관되어 쓰이는 근육을 묶어서 집중해 운동한다. 가슴 운동을 할 때는 어깨와 삼두근, 등 운동을 할 때는 이두근을 함께 운동하면 좋다. 가슴과 삼두근 → 등과 이두근 → 하체와 어깨 순으로 운동하고 휴식을 취한다. 이 코스를 기본으로 하여 점차 자신의 체력과 신체 특성에 맞춰 바꿔 나간다.

마지막에 복근운동을 한다
복부는 쉽게 풀어지고 쉽게 자극받는 소근육으로 찌기도 쉽고 빠지기도 쉽다. 웨이트트레이닝의 마지막 단계에 운동한다. 근육통이 심한 부위지만 매일 혹은 이틀에 한 번 정도 꾸준히 운동하면 탄탄한 복근을 만들 수 있다.

집에서 하기 좋은 운동 동영상

빌리부트 캠프 시리즈 집에서 맨몸으로 하기에 적당한 홈 트레이닝이다. 킥복싱, 태보, 근육운동 등을 접목한 운동법으로 유무산소 운동을 함께 할 수 있다. 강도가 꽤 높은 편이라 처음에는 따라 하기 힘들겠지만, 체지방을 줄이면서 탄력 있는 몸매를 만들기 때문에 힘든 만큼 보람을 찾을 수 있다. 빌리부트 캠프의 동영상은 〈blog.naver.com/jjeuneu/70113408738〉에서 볼 수 있다.

JJ가 추천하는 빌리부트 프로그램
1일 Basic + AB ·····▶ 2일 Ultimate + AB ·····▶ 3일 휴식 또는 Cardio
- **Basic** 빌리부트를 처음 하는 사람을 위한 기초 프로그램
- **Ultimate** 하체와 상체의 근력운동과 유산소 운동을 함께 할 수 있는 프로그램
- **Cardio** 유산소 운동 위주의 프로그램
- **AB** 복근운동 프로그램

레슬리 센슨의 5마일 걷기 여러 사람들과 함께 하는 걷기운동으로 고도비만인 경우에 하면 좋다. 5마일은 8.04672km로 총 1시간 10분 동안 진행된다. 날씨가 좋지 않아서 밖에 나갈 수 없거나 혼자 걷는 것이 심심할 때 이 동영상을 보면서 함께 걸으면 좋다. 동영상은 〈blog.naver.com/jjeuneu/70117515632〉에서 볼 수 있다.

PART

2

마음껏 먹고 효과는 최강!
新 다이어트 레시피

다이어트, 무조건 적게 먹는 게 상책은 아니다. 필요한
영양을 충분히 섭취하고 배고프지 않아야 다이어트에
성공할 수 있다. 지방, 당분. 나트륨 등 다이어트의
방해꾼들을 줄이면서 맛과 영양, 양까지 챙긴 새로운
다이어트 메뉴를 소개한다.

하루에 챙겨야 할 칼로리와 주요 영양

· 칼로리는 보통 19~29세 여성 2100kcal, 30~49세 여성 1900kcal가 필
  요해요. 다이어트할 때는 여기서 500kcal 정도 줄이면 적당해요.
· 단백질은 체중 1kg당 1~1.5g 섭취하세요.
· 지방은 총칼로리의 25% 이내로 제한하세요. 총칼로리가 1600kcal
  일 경우 44g을 넘으면 안 돼요.
· 탄수화물은 총칼로리의 50~60% 섭취하세요. 총열량이 1600kcal
  일 경우 200~240g 정도 섭취하면 돼요.

영양만점 아침식사

아침을 먹어야 한다는 얘기는 귀에 못이 박히게 들어도 지나치지 않다. 단백질, 탄수화물 등 영양을 고루 챙겨 먹어야 한다. 특히 탄수화물은 에너지로 소모하기 쉬운 아침에 먹는 것이 가장 좋다. 체지방으로 쌓일 걱정 없이 하루를 활기차게 시작할 수 있다.

설탕과 버터 대신 바나나를 곁들여요

프렌치토스트와 달걀찜

프렌치토스트 통밀식빵(P.25 참조) 2장, 달걀 1개, 무지방 우유 ⅓컵, 바나나 ½개, 계핏가루 · 슈거파우더 조금씩
달걀찜 달걀 3개(흰자 3개, 노른자 1개), 후춧가루 · 파슬리가루 조금씩
곁들이 브로콜리(작은 것) ¼개, 미니당근 5개, 발사믹드레싱 1작은술

1 달걀 · 우유 섞기 프렌치토스트의 달걀과 무지방 우유를 거품기로 섞는다.

2 달걀물에 식빵 적시기 통밀식빵을 ①의 달걀물에 푹 담가 고르게 적신다.

3 바나나 얹어 굽기 ②의 식빵 두 장에 바나나를 썰어 얹어 200℃로 예열한 오븐에 20분간 굽는다.

4 달걀찜 만들기 달걀찜 재료를 모두 섞어 전자레인지용 그릇에 담고 랩을 씌워 전자레인지에서 1분 30초간 익힌다.

5 브로콜리 데치기 브로콜리를 끓는 물에 소금을 넣고 데친다.

6 미니당근 익히기 미니당근을 전자레인지에서 1분간 익힌다.

7 맛 더하기 프렌치토스트에 계핏가루와 슈거파우더를 뿌리고, 채소에는 발사믹드레싱을 뿌린다.

JJ의 쿠킹 리포트

채소와 달걀찜을 곁들여 탄수화물과 단백질, 비타민을 고루 섭취할 수 있는 스피드 아침식단이에요. 통밀식빵을 달걀물에 담가 버터 없이 구우면 레스토랑 브런치가 부럽지 않을 만큼 촉촉하고 부드럽답니다. 통밀빵의 거친 질감이 싹 사라지지요. 여기에 달콤한 바나나를 얹으면 설탕을 넣을 필요가 없어 칼로리도 낮아져요.
통밀빵은 집에서 만드는 게 가장 좋지만 번거로우면 사도 괜찮아요. 크로네베이커리(www.krone.co.kr)에서 무지방 무설탕 100% 통밀빵을 살 수 있어요.

고기, 채소, 통밀빵으로 영양 균형을 맞춰요

닭가슴살샌드위치

Diet Point

칼로리 443kcal   단백질 36.4g
지방 7.7g   탄수화물 55.5g

• 고단백, 저지방 닭가슴살로 영양을 보충한다.
• 100% 통밀빵을 사용해 GI를 낮춘다.
• 염분 적은 소스를 사용한다.

1인분 통밀식빵(P.25 참조) 2장, 닭가슴살 1쪽, 양상추 잎 3장, 파프리카 슬라이스 2쪽, 양파 슬라이스 1쪽,
홀그레인 머스터드 1작은술, 칠리소스 1작은술
닭가슴살 밑간 무지방 우유 ½컵, 허브소금·후춧가루 조금씩
홀그레인 머스터드 씨까지 들어 있는 머스터드로 향이 좋아요. 다양한 요리에 쓰이며 특히 구운 고기와
잘 어울려요.

1 닭가슴살 밑간해 굽기 닭가슴살을 우유에 담갔다가 허브소금과 후춧가루로 밑간해 240℃로 예열한 오븐에 15분간 굽는다.

2 양상추·양파 준비하기 양상추는 깨끗이 씻어 물기를 빼고, 양파는 찬물에 1분 정도 담가 매운맛을 뺀다.

3 식빵 구워 머스터드 바르기 통밀식빵을 오븐이나 팬에 겉만 살짝 구워 홀그레인 머스터드를 펴 바른다.

4 식빵에 채소 올리기 식빵에 양상추, 양파, 파프리카를 얹는다.

5 닭가슴살 올리고 소스 바르기 ④에 구운 닭가슴살을 얹고 칠리소스를 펴 바른다.

6 식빵으로 덮기 다시 양상추를 얹고 통밀식빵으로 덮어 먹기 좋게 자른다.

JJ의 쿠킹 리포트

예전에 5개월 동안 매일 이른 아침 운동을 했었는데, 그때 아침식사로 먹었던 샌드위치예요. 맛도 있지만 만들기가 간단해서 새벽 6시에 바삐 나가야 했음에도 후다닥 만들어 먹을 수 있었답니다. 칼로리가 낮고 간편한, 너무 고마운 몸짱 샌드위치지요. 사과 등 과일을 곁들여 먹으면 맛도 영양도 업그레이드돼요.
홀그레인 머스터드는 마이어 제품을 권해요. 다른 브랜드의 것보다 포화지방산이 적은 편이에요. 또 칠리소스는 하인즈 제품이 좋아요. 헬스 트레이너 숀리 씨도 추천했을 만큼 시판 소스치고는 아주 착한 소스랍니다. 다른 제품에 비해 당분이 적고 고기 요리와 어울려서 항상 애용하지요. 특히 닭가슴살과 잘 맞아요.

참치를 살짝 데쳐 염분과 기름을 빼요

카레참치샌드위치

Diet
Point

칼로리 547kcal   단백질 33.7g
지방 20.5g   탄수화물 57.4g

• 참치를 데쳐 염분과 기름을 뺀다.
• 100% 통밀식빵을 사용해 GI를 낮춘다.
• 두부마요네즈를 사용해 지방을 줄인다.

1인분 통밀식빵(P.25 참조) 2장, 참치(통조림) 100g, 양파 ¼개, 양상추 잎 2장, 사과 ¼개, 홀그레인 머스터드 1작은술
참치 양념 두부마요네즈(P.26 참조) 1큰술, 플레인 요구르트 1작은술, 카레가루 ½작은술, 파슬리가루 · 후춧가루 조금씩

너무 오래 담가두면 영양소가 빠져 나가요.

1 양파 다져 매운맛 빼기 양파를 다져서 찬물에 1분 정도 담가 매운맛을 뺀 뒤 물기를 꼭 짠다.

2 참치 데치기 참치를 끓는 물에 데쳐 염분과 기름을 뺀다.

3 참치 양념하기 참치와 양파를 한데 담고 참치 양념을 넣어 버무린다.

4 식빵 구워 머스터드 바르기 통밀식빵을 오븐이나 팬에 기름 없이 살짝 구운 뒤 홀그레인 머스터드를 펴 바른다.

5 양상추 · 사과 · 참치 올리기 ④의 식빵에 양상추, 얇게 썬 사과를 얹고 ③의 참치를 듬뿍 올린다.

6 식빵으로 덮기 ⑤에 양상추를 얹고 식빵으로 덮어 반으로 자른다.

JJ의 쿠킹 리포트

카레와 마요네즈가 어우러져 매콤하면서 부드럽고 요구르트가 들어가 감칠맛이 나는 매력적인 샌드위치예요. 칼로리가 낮아 부담도 없답니다.

시판 카레가루에는 녹말이 많이 들어 있어 다이어트에 좋지 않지만 조금만 넣으면 괜찮아요. 요구르트는 포화지방산이 없는 '퓨어 제로팻'을 추천해요. 하지만 이것도 당분이 많기 때문에 많이 자주 먹지는 마세요.

샌드위치는 만들기 쉽고 간편하게 먹을 수 있지만 식빵과 마요네즈, 머스터드 등의 소스를 어떤 것을 쓰느냐에 따라 다이어트식이 될 수도 있고, 그 반대가 될 수도 있어요. 항상 숨은 방해꾼에 주의하세요.

홈메이드 두부마요네즈로 맛을 내요

베이글샌드위치

Diet Point

칼로리 475kcal   단백질 36.4g
지방 11.6g   탄수화물 54.5g

• 닭가슴살을 소스에 재어 소스 사용량을 줄인다.
• 100% 통밀베이글을 사용해 GI를 낮춘다.
• 두부마요네즈를 사용해 지방을 줄인다.

1인분 통밀베이글(P.24 참조) 1개, 닭가슴살 1쪽, 양상추 잎 2장, 파프리카 슬라이스 1쪽, 양파 슬라이스 1쪽, 데리야키소스 1½작은술, 홀그레인 머스터드 1작은술, 두부마요네즈(P.26 참조) 2작은술, 무지방 우유 ⅓컵

오븐이 없으면 팬에 구워도 돼요.

1 닭가슴살 양념하기 닭가슴살을 우유에 담가 누린내를 뺀 뒤 데리야키소스에 20분간 잰다.

2 닭가슴살 · 양파 굽기 ①의 닭가슴살을 양파와 함께 240℃로 예열한 오븐에 15분간 굽는다.

3 베이글 구워 머스터드 바르기 베이글을 반으로 갈라 살짝 구운 뒤 한쪽에 홀그레인 머스터드를 바른다.

4 베이글에 채소 올리기 머스터드를 바른 베이글에 양상추, 파프리카, 구운 양파를 얹는다.

5 닭가슴살 올리고 베이글 덮기 ④에 구운 닭가슴살을 얹고 양상추를 올린 뒤 두부마요네즈를 바른 베이글로 덮는다.

JJ의 쿠킹 리포트

다이어트 중에도 일주일에 서너 번은 아침에 빵을 먹어요. 특히 버터와 설탕을 넣지 않고 직접 만든 100% 통밀베이글은 가장 즐겨 먹는 빵 중 하나예요. 통밀베이글에 닭가슴살을 넣어 샌드위치를 만들면 맛있고 건강하게 아침을 시작할 수 있답니다.

닭가슴살을 데리야키소스에 재면 맛이 속까지 배어 적은 양으로 맛을 낼 수 있고, 다른 소스를 많이 바를 필요도 없어요. 당연히 칼로리가 낮아지고, 자극적인 소스를 듬뿍 뿌린 샌드위치와 달리 담백하고 영양 균형도 잘 맞는답니다. 여기에 저지방 우유와 채소를 곁들여 먹으면 완벽하겠지요?

브루스케타

Diet Point

칼로리 673kcal   단백질 24.7g
지방 20.0g   탄수화물 98.8g

• 다양한 채소로 맛과 영양을 높인다.
• 버터 대신 올리브오일로 마늘빵을 만든다.
• 홈메이드 토마토소스를 사용해 염분과
  당분을 줄인다.

1인분

발사믹브루스케타
통밀바게트 2쪽, 파프리카 ⅛개, 가지 ⅛개, 주키니(돼지호박) 슬라이스 1쪽,
발사믹식초 · 바질페스토 1작은술씩, 올리브오일 조금
발사믹식초 포도즙을 발효시킨 식초로 향이 진해요. 샐러드드레싱, 고기 요리, 생선 요리 등에 많이 쓰여요.
바질페스토 바질, 잣, 치즈, 올리브오일 등으로 만든 녹색 소스로 파스타와 잘 어울려요.

훈제연어브루스케타
통밀바게트 2쪽, 시금치 1포기, 훈제연어 슬라이스 2쪽, 토마토소스(P.26 참조) 2작은술,
두부마요네즈(P.26 참조) ½작은술, 케이퍼 2알
시금치 양념 다진 마늘 ¼작은술, 식초 ¼작은술, 후춧가루 조금
마늘 소스 다진 마늘 ½작은술, 올리브오일 1작은술, 올리고당 ½작은술, 파슬리가루 조금
케이퍼 케이퍼의 꽃봉오리를 식초에 절인 향신료예요. 생선, 고기 등의 냄새를 없애고 소스, 드레싱에도 쓰여요.

발사믹브루스케타

1 채소 썰기 파프리카, 주키니, 가지를 채 썬다.

2 채소 볶기 팬에 올리브오일을 조금 두르고 파프리카, 주키니, 가지, 발사믹식초를 넣어 볶는다.

3 바게트에 토핑 올리기 바게트에 바질페스토를 바르고 볶은 채소를 올린다.

훈제연어브루스케타

1 바게트에 소스 발라 굽기 마늘 소스를 만들어 바게트에 펴 바른 뒤 175℃로 예열한 오븐에 10분간 굽는다.

2 시금치 무치기 시금치는 뿌리를 잘라 내고 끓는 물에 데쳐 찬물에 헹군 뒤, 꽉 짜서 양념에 무친다.

3 바게트에 토핑 올리기 구운 바게트에 토마토소스를 바르고 시금치, 훈제연어, 두부마요네즈, 케이퍼를 올린다.

JJ의 쿠킹 리포트

브루스케타는 원래 버터를 발라 구운 마늘빵에 토마토와 여러 가지 토핑을 올려 먹는 이탈리아 음식이에요. 칼로리를 낮추기 위해 통밀바게트와 토마토소스, 바질페스토, 발사믹식초, 저칼로리 마늘소스로 만들었어요. 다이어트 요리지만 맛있는 재료들만 모아 놔서 먹는 내내 눈과 입이 즐겁답니다.
통밀바게트는 집에서 만들면 좋지만 번거로우면 사는 것도 괜찮아요. 바질페스토, 발사믹식초는 시판 제품이지만 칼로리가 낮은 편이라 부담이 적어요.

멸치국물로 맛 살리고 염분은 줄여요

단호박죽

Diet Point

칼로리 292kcal   단백질 15.4g
지방 7.6g   탄수화물 44.1g

• 단호박을 듬뿍 넣어 포만감을 높인다.
• 섬유질이 풍부한 단호박으로 변비를 막는다.
• 멸치국물을 사용해 소금 간을 줄인다.

1인분 현미밥 ¼공기, 단호박 ¼개, 표고버섯 1개, 당근 ⅛개, 양파 ¼개, 실파 1뿌리, 달걀 1개, 멸치국물(또는 물) 1½컵

1 단호박 익히기 단호박은 껍질을 벗기고 적당히 썰어 전자레인지에서 5분 동안 익힌다.

2 버섯·채소 썰기 포고버섯, 당근, 양파는 잘게 썰고 실파는 송송 썬다.

3 죽 끓이기 멸치국물을 팔팔 끓인 뒤 현미밥과 표고버섯, 당근, 양파, 찐 단호박을 넣고 중불로 끓인다.

멸치국물 대신 물을 넣을 경우엔 소금을 조금 넣으세요.

4 단호박 으깨기 국자로 단호박을 으깨어 저으면서 끓인다.

달걀이 어느 정도 익을 때까지 휘젓지 마세요.

5 달걀 풀고 실파 넣기 죽이 걸쭉해지면 달걀을 풀어 넣고 센 불로 익힌다. 마지막에 실파를 넣는다.

JJ의 쿠킹 리포트

단호박의 단맛이 강해서 아주 부드럽고 달콤해요. 멸치국물을 넣었더니 소금을 전혀 넣지 않았는데도 간이 딱 맞네요. 멸치국물은 전날 저녁에 미리 끓여 두는 게 좋답니다. 국물이 준비되고 쌀 대신 현미밥을 이용하면 아침에 후다닥 끓일 수 있어서 시간이 절약되고 국물 맛이 깊어 죽 맛도 더 좋아져요. 남은 멸치국물은 냉장고에 두면 일주일 정도 가요. 오래 보관하려면 얼음 틀에 얼려서 지퍼 백에 담아 두세요.
체중 감량 후 유지하는 시기라면 소금 간을 조금 더 하거나 참기름, 들깨가루 등으로 고소한 맛을 더해도 좋아요. 또 기름 없이 담백하게 구운 두부를 곁들이면 더 좋답니다.

기름 없이 만들어 칼로리가 낮아요
된장리소토

현미밥 ⅓공기, 부침용 두부 140g, 표고버섯 2개, 실파 1뿌리, 미소(일본된장) ½작은술, 우유 1⅓큰술, 멸치국물 2컵

1 두부 썰어 굽기 두부를 깍둑썰기 해서 200℃로 예열한 오븐에 15~20분 정도 굽는다.

2 버섯·실파 썰기 표고버섯은 기둥을 떼어 저며 썰고, 실파는 송송 썬다.

3 버섯 끓이기 멸치국물에 표고버섯을 넣어 끓인다.

4 된장·우유 넣기 버섯의 숨이 죽으면 미소와 우유를 넣고 잘 풀면서 끓인다.

중간에 소스가 부족하면 멸치국물을 조금 더 넣으세요

5 밥·실파·두부 넣기 ④에 현미밥과 실파, 구운 두부를 넣어 섞는다. 밥에 국물이 적당히 배어들면 불을 끈다.

JJ의 쿠킹 리포트

향긋한 표고버섯과 간이 적당히 밴 현미의 조화가 인상적이에요. 처음에는 된장 냄새가 나지 않을까 걱정했는데 우유와 된장이 생각보다 잘 어우러져 깜짝 놀랐어요.
된장은 미소와 집된장 두 가지를 모두 써 봤는데 미소를 넣은 쪽이 조금 더 부드럽고 고소한 맛이 나요. 마지막에 팽이버섯을 넣어도 잘 어울리고, 먹을 때 들깨가루를 살짝 뿌리면 더 맛있답니다.
멸치국물을 많이 넣으면 묽은 죽이 되고, 적게 넣으면 되직하고 촉촉한 리소토의 맛을 즐길 수 있어요.

바지락순두부찌개와 현미밥

칼로리 422kcal 단백질 38.2g
지방 13.1g 탄수화물 36.1g

• 바지락 살을 기름에 볶지 않는다.
• 소금 간 대신 가쓰오부시국물로 맛을 낸다.
• 매운맛으로 싱거움을 감춘다.

현미밥 ⅓공기, 순두부 1봉지, 바지락 살 100g, 달걀 3개(흰자 3개, 노른자 1개), 양파 ½개, 청양고추 · 마른 고추 1개씩, 다진 파 1큰술, 후춧가루 조금
가쓰오부시국물 굵은 멸치 5마리, 다시마 5×5cm 1장, 가쓰오부시(가다랑어포) 2큰술, 물 1½컵

1 채소 썰기 양파는 반 갈라 납작하게 썰고, 고추는 동그랗게 썬다.

2 바지락 살 씻기 바지락 살을 흐르는 물에 씻어 물기를 뺀다.

3 멸치 · 다시마 끓이기 물에 멸치와 다시마를 넣어 끓이다가 물이 끓으면 불을 약하게 줄여 10분 이상 끓인다.

4 가쓰오부시 우리기 불을 끄고 멸치, 다시마를 건져 낸 뒤 가쓰오부시를 넣고 5분간 우려 체에 거른다.

5 찌개 끓이기 가쓰오부시국물에 바지락 살과 양파, 고추를 넣어 끓이다가 순두부를 넣고 센 불로 끓인다.

6 달걀 풀어 넣기 달걀과 다진 파를 섞어 넣고 그대로 두었다가 끓어오르면 불을 줄이고 살살 섞은 뒤 후춧가루를 뿌린다.

JJ의 쿠킹 리포트

국물은 다이어트의 적인 걸 잘 알면서도 가끔 뜨끈한 국물이 못 견디게 당기곤 해요. 그럴 땐 바지락순두부찌개를 먹어요. 간을 하지 않아도 조개와 가쓰오부시국물의 감칠맛, 고추의 얼큰한 맛이 있어 싱겁지 않거든요.
마른 고추는 붉은 고추로 대신하거나 넣지 않아도 돼요. 또 먹기 전에 불포화지방산이 풍부한 참기름을 몇 방울 떨어뜨리면 더 고소한 맛을 느낄 수 있습니다.
그래도 간을 하고 싶다면 소금 대신 새우젓을 조금 넣어 보세요. 감칠맛이 좋아요. 간을 했을 경우에는 국물을 다 먹지 말고 순두부와 달걀 위주로 먹는 것이 좋아요.

절이지 않은 생물을 구워요

고등어구이 정식

52

고등어구이
고등어 ½마리, 카레가루 1작은술, 허브소금 · 후춧가루 조금씩, 물 2작은술

미소된장국
두부 70g, 표고버섯 1개, 대파 ⅛대, 미소(일본된장) 1½작은술, 멸치국물 1½컵

현미콩밥
현미밥 ⅓공기, 찐 검은콩 ½컵

고등어구이

1 **고등어 양념하기** 손질한 고등어를 뱃속까지 깨끗이 씻은 뒤 카레가루, 허브소금, 후춧가루, 물을 섞어 펴 바른다.

2 **고등어 굽기** 밑간한 고등어를 팬에 기름 없이 굽거나 240℃로 예열한 오븐에 15분 동안 굽는다.

미소된장국

1 **두부 · 버섯 · 파 썰기** 두부는 깍둑썰기 하고, 표고버섯은 기둥을 떼고 저며 썬다. 대파는 송송 썬다.

2 **국 끓이기** 멸치국물에 미소를 풀고 표고버섯을 넣어 끓이다가 끓기 시작하면 두부와 대파를 넣고 10분간 더 끓인다.

현미콩밥

밥에 검은콩 섞기 현미밥에 찐 검은콩을 섞는다.

JJ의 쿠킹 리포트

고등어는 단백질이 풍부하고 불포화지방산인 DHA도 많이 들어 있어요. 식욕을 억제하는 히스티딘도 들어 있어 다이어터의 아침식사로 안성맞춤이지요. 여기에 맑게 끓인 미소국을 곁들이면 그만이랍니다.
고등어는 꼭 생물을 쓰세요. 자반고등어는 염분이 너무 많거든요. 생 고등어는 쉽게 상하니까 허브 소금과 통후추를 조금 뿌려 밀폐용기에 담아 냉동실에 넣어 두세요. 먹을 때마다 한 마리씩 꺼내서 구워 먹으면 간편해요. 밑간할 때 카레가루를 넣으면 비린내가 나지 않고, 소금 간을 줄일 수 있어요. 레몬즙이나 생강가루를 조금 뿌려도 맛있어요.

녹차국물에 말아 짜지 않아요

오차즈케

54

1인분 현미밥 ½공기, 대구 살 150g, 후리가케 ¼작은술, 통깨 조금
대구 밑간 데리야키소스 1작은술, 굴소스 ½작은술, 후춧가루 조금
녹차국물 녹차 티백 1개, 굵은 멸치 4마리, 다시마 3×3cm 1장, 가쓰오부시(가다랑어포) 1½큰술, 물 1컵
고명 김 1장, 깻잎 2장, 실파 1뿌리, 국물 낸 다시마 3×3cm 1장, 고추냉이 1작은술
후리가케 생선가루, 김, 깨, 소금 등을 섞어 만든 가루로 밥, 죽 등에 뿌려 먹으면 맛있어요.

1 대구 살 밑간해 굽기 대구 살은 물기를 닦고 밑간해 20분간 재었다가 210℃로 예열한 오븐에 20분간 굽는다.

2 밥 양념하기 현미밥에 후리가케와 통깨를 넣어 섞는다.

3 멸치·다시마 끓이기 물에 멸치와 다시마를 넣어 끓이나가 불이 끓으면 불을 약하게 줄여 10분 이상 끓인다.

4 가쓰오부시 우리기 불을 끄고 멸치, 다시마를 건져 낸 뒤, 가쓰오부시를 넣고 5분간 우려 체에 거른다.

5 녹차국물 만들기 가쓰오부시 국물을 80℃ 정도로 식힌 뒤 녹차 티백을 넣어 우린다.

6 고명 준비하기 김, 깻잎, 다시마는 채 썰고 실파는 송송 썬다.

7 그릇에 담기 현미밥을 그릇에 담고 고명을 올린 뒤 녹차국물을 붓는다.

JJ의 쿠킹 리포트

녹차에 밥을 말아 먹는 오차즈케는 일본사람들이 즐겨 먹는 음식이에요. 칼로리 부담이 적고 굉장히 담백하기 때문에 다이어트식으로 그만이지요. 원래는 도미나 연어를 많이 쓰는데 집에 날생선이 있는 경우는 드물잖아요. 그래서 냉동실에 있던 대구 살로 만들었어요. 구하기 쉽고 보관하기 좋아서 오히려 더 편한 것 같아요.
밥을 녹차에 말아먹는 게 좀 낯설긴 하지만 담백한 대구 살과 녹차국물이 일품이에요. 다이어트를 하지 않은 어머니도 아주 맛있게 드셨답니다. 여기에 집에서 담근 마늘종장아찌(P.189 참조)를 곁들이면 궁합이 아주 잘 맞아요. 연어나 매실장아찌, 명란, 김, 다시마 등 재료에 따라 얼마든지 다양하게 즐길 수 있어요.

채소와 버섯을 듬뿍 넣고 끓여요

토마토수프

56

닭가슴살 1쪽, 표고버섯 ½개, 껍질콩 3개, 양배추 잎 1장, 감자(작은 것) ½개, 미니당근 3개, 브로콜리(작은 것) ⅛개, 파프리카 ¼개, 양파 ¼개, 마늘 3쪽, 토마토소스(P.26 참조) ½컵, 토마토페이스트(또는 토마토케첩) 1작은술, 허브소금·후춧가루·파슬리가루 조금씩, 물 1½컵, 무지방 우유 ½컵

1 닭가슴살 누린내 빼기 닭가슴살을 우유에 담가 두어 누린내를 뺀다.

2 재료 썰기 채소와 버섯, 닭가슴살을 먹기 좋게 썬다. 마늘은 저미거나 통으로 쓴다.

3 끓이기 냄비에 물을 1컵 붓고 준비한 재료를 모두 넣어 센 불에서 뚜껑을 덮고 끓인다

4 물 더 붓기 채소의 숨이 죽으면 물을 ½컵 더 붓고 약한 불로 줄여 양배추가 푹 익을 때까지 뚜껑을 덮고 끓인다.

5 토마토소스·페이스트 넣기 ④에 토마토소스와 토마토페이스트를 넣는다.

6 간 맞추기 불을 약하게 줄이고 부족한 간을 허브소금으로 맞춘다. 후춧가루와 파슬리가루를 뿌려 조금 더 끓인다.

JJ의 쿠킹 리포트

토마토수프는 맛도 좋고 영양도 풍부한 다이어트 수프에요. 토마토케첩이 듬뿍 들어간 시중의 수프와는 달리 홈메이드 토마토소스로 맛을 내고 채소를 듬뿍 넣어 끓였어요. 채소에서 우러난 국물 맛이 아주 좋답니다.
소금은 넣지 않아도 좋고, 싱거우면 치킨스톡을 조금 넣어도 좋아요. 물론 국물까지 다 먹는 음식이니 간은 되도록 약하게 하는 것이 좋겠죠?
수프는 끓이는 시간이 오래 걸리기 때문에 한 번에 넉넉히 끓여서 냉장고에 넣어 두고 먹는 게 편해요. 3~4일 이상 둘 거면 한 끼분씩 나눠 얼려 두고요. 바쁜 아침에 하나 데워서 통밀빵과 함께 먹으면 간편하답니다.

생크림 대신 두부를 넣어요

클램차우더

Diet Point

칼로리 284kcal   단백질 30.8g
지방 3.9g   탄수화물 30.9g

• 화이트 루를 생략해 칼로리를 낮춘다.
• 생크림 대신 두부를 넣는다.
• 기름에 볶지 않고 끓인다.

1인분 바지락 살 100g, 감자 · 양파 ½개씩, 생식용 두부 35g, 무지방 우유 2컵, 통밀가루 ½작은술, 소금 · 후춧가루 · 파슬리가루 조금씩, 물 1컵

너무 오래삶으면 질겨지니 주의하세요.

1 바지락 살 삶기 냄비에 물을 붓고 바지락 살을 넣어 끓인다. 바지락 살이 익으면 건진다.

2 감자 · 양파 끓이기 감자는 깍 둑썰기 하고 양파는 잘게 썰어 ①의 국물에 넣고 약한 불로 끓 인다.

3 두부 · 우유 갈아 넣기 감자가 익으면 두부와 우유를 믹서에 곱 게 갈아 ②에 넣는다.

4 통밀가루 넣기 통밀가루를 체 에 쳐서 후춧가루, 파슬리가루와 함께 ③에 넣는다. 간이 부족하 면 소금으로 맞춘다.

5 바지락 살 넣기 ④에 삶은 바 지락 살을 넣고 약한 불에서 저 어 가며 감자가 으깨지기 직전까 지 끓인다.

JJ의 쿠킹 리포트

조갯살이 듬뿍 들어간 크림수프, 클램차우더는 지방과 나트륨이 많아서 먹기 부담스러웠어요. 하지만 버터와 생 크림을 뺀 클램차우더라면 다이어트 중에도 마음 놓고 먹을 수 있어요. 두부를 이용하면 생크림 없이도 고소하고 진한 맛을 낼 수 있답니다. 그릇 대신 속을 파내고 구운 통밀빵에 수프를 담아도 좋아요. 수프에 촉촉하게 젖은 통 밀빵을 뜯어먹는 맛이 일품이지요. 여기에 통밀빵을 작게 잘라 구운 크루통을 몇 개 넣으면 금상첨화예요. 중간에 맛을 보아 간이 많이 부족하다 싶으면 허브 소금을 조금 넣으세요. 수프가 식으면 짜지니까 끓일 때는 싱겁게 간 을 맞춰야 한다는 것 잊지 마시고요. 후춧가루 대신 통후추를 갈아 넣으면 더 맛있어요.

두부와 우유로 크림소스 맛을 내요

토스트그라탱

Diet Point

칼로리 507kcal 단백질 45.7g
지방 21.0g 탄수화물 31.3g

• 통밀식빵으로 포만감을 높인다.
• 생크림 대신 무지방 우유를 넣는다.
• 버터 없이 굽는다.

1인분 통밀식빵(P.25 참조) 1장, 훈제연어 슬라이스 100g, 시금치 2포기, 달걀 2개(흰자 2개, 노른자 1개), 두부 35g, 무지방 우유 ½컵, 파슬리가루 조금, 올리브오일 조금

1 시금치 데치기 시금치는 뿌리를 잘라 내고 씻은 뒤 끓는 물에 살짝 데쳐 물기를 뺀다.

2 식빵 구워 그릇에 담기 통밀식빵을 오븐에 바삭하게 굽는다. 오븐용 그릇에 올리브오일을 바르고 구운 식빵을 썰어 담는다.

가운데에 달걀 올릴 자리를 남기세요.

3 시금치·연어 담기 ②에 데친 시금치와 훈제연어를 얹는다.

4 두부·우유 갈기 두부와 우유를 믹서에 넣고 곱게 간다.

5 두부우유 붓고 달걀 올려 굽기 ③에 ④의 두부우유를 붓고 달걀을 올려 200℃로 예열한 오븐에 20분간 굽는다.

JJ의 쿠킹 리포트

맛있고 간편해서 반해 버린 완소 레시피예요. 무지방 우유와 두부를 믹서에 곱게 갈아 넣으면 마치 크림소스 같아서 촉촉하게 젖은 식빵이 부드럽게 넘어가요. 특히 시금치와 연어의 조화가 환상이랍니다.
크림처럼 부드러운 맛을 내려면 생식용 두부를 곱게 갈아야 해요. 훈제연어가 없으면 닭가슴살을 넣어도 좋고, 오븐이 없으면 전자레인지에서 달걀이 익을 정도로만 구우면 돼요. 훈제연어에 간이 되어 있어 싱겁지도 않아요.
연어는 불포화지방산이 풍부한 고단백, 저칼로리 식품이에요. 특히 칼슘 흡수를 돕는 비타민 D가 풍부해서 유제품과 함께 먹으면 칼슘 흡수율이 높아져요.

버터와 설탕 없이 만들어요

통밀와플과 스크램블드에그

통밀와플 통밀가루 100g, 소금 2g, 베이킹파우더 5g, 무지방 우유 70mL, 달걀 ½개,
아가베 시럽(또는 올리고당) 1큰술, 카놀라유 1작은술, 올리브오일 조금
토핑 바나나 ⅙개, 블루베리 1큰술, 계핏가루 조금
스크램블드에그 달걀 3개(흰자 3개, 노른자 1개), 무지방 우유 2작은술, 후춧가루 · 파슬리가루 조금씩,
올리브오일 조금
아가베 시럽 아가베 선인장에서 추출한 감미료로 설탕보다 당도는 높으면서 GI는 낮아요.

1 가루 섞기 통밀가루, 베이킹파우더, 소금을 체에 내려 잘 섞는다.

2 달걀 · 우유 · 시럽 · 카놀라유 섞기 통밀 와플에 들어가는 달걀, 우유, 아가베 시럽, 카놀라유를 거품기로 골고루 섞는다.

3 반죽하기 ①에 ②의 달걀우유를 넣고 날가루가 보이지 않을 정도로만 섞는다.

4 굽기 와플 팬을 달궈 올리브오일을 바르고 반죽을 넣어 약한 불에 앞뒤로 굽는다.

5 달걀 풀기 스크램블드에그용 달걀과 우유, 후춧가루, 파슬리가루를 섞는다

6 스크램블하기 팬에 올리브오일을 바르고 약한 불로 달군 뒤 달걀물을 붓고 젓가락으로 휘저으면서 익힌다.

7 토핑 올리기 접시에 와플과 스크램블드에그를 담은 뒤, 와플에 바나나와 블루베리를 올리고 계핏가루를 뿌린다.

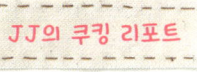

JJ의 쿠킹 리포트

와플은 버터와 설탕, 시럽, 생크림 등 고칼로리 식품을 한꺼번에 먹게 되기 때문에 다이어트에 방해가 돼요. 그래서 100% 통밀가루로 직접 와플을 만들어 아침식사로 먹고 있어요. 베이킹파우더를 넣은 와플은 발효가 필요 없어 아침에도 후다닥 만들 수 있답니다. 반죽에 아가베 시럽이나 올리고당을 조금 넣으면 달콤한 맛이 나기 때문에 생크림이나 잼 없이도 맛있게 즐길 수 있어요. 과일만 조금 곁들이면 충분하지요.
와플 팬이 없으면 프라이팬에 구우세요. 아주 맛있는 팬케이크가 돼요.

간편한
점심식사&도시락

점심엔 통밀빵, 현미밥 등을 이용해 탄수화물을 섭취한다.
아침식사와 마찬가지로 단백질도 챙긴다. 김밥, 주먹밥,
햄버거 등 간편한 음식은 물론 비빔밥, 덮밥 등 점심 때
특히 당기는 한 그릇 요리까지 인기 메뉴를 모았다. 시간이
지나도 맛이 좋아 도시락으로도 그만이다.

고구마의 칼륨이 나트륨을 배출해요

닭가슴살카레구이와 고구마

Diet Point

칼로리 346kcal   단백질 26.3g
지방 3.9g   탄수화물 51.0g

• 고구마로 탄수화물을 보충하고 나트륨을 배출한다.
• 채소로 비타민을 보충한다.
• 소금 간 대신 카레가루로 맛을 낸다.
• 올리브오일로 볶아 양질의 지방을 섭취한다.

1인분 닭가슴살 1쪽, 고구마(작은 것) 1개, 청경채 2포기, 미니당근 5개, 파프리카 ¼개, 가지 ⅓ 개, 주키니(돼지호박) 5cm 1토막, 카레가루 ¼작은술, 물 ½작은술, 허브소금·후춧가루 조금씩, 올리브오일 조금

1 고구마 찌기 고구마를 깨끗이 씻어 찜통에 찐다.

2 채소 썰기 청경채는 반 자르고 주키니는 납작하게 썬다. 나머지 채소도 먹기 좋게 썬다.

3 당근 익히기 미니당근은 랩을 씌워 전자레인지에서 1분간 익힌다.

4 닭가슴살 굽기 카레가루를 물에 개어 닭가슴살에 발라 240℃로 예열한 오븐에 15분간 굽는다.

5 채소 볶기 달군 팬에 올리브오일을 두르고 당근, 파프리카, 가지, 주키니를 볶다가 허브소금, 후춧가루로 간을 한다.

6 청경채 넣어 볶기 ⑤에 청경채를 넣어 숨이 죽을 때까지 볶는다. 구운 닭가슴살과 고구마, 볶은 채소를 함께 담는다.

JJ의 쿠킹 리포트

아웃백 스테이크하우스의 도시락 메뉴에서 힌트를 얻은 요리예요. 카레가루를 입혀 구운 닭가슴살이 훈제 닭가슴살보다 더 맛있고, 채소도 허브소금을 조금 넣고 볶았을 뿐인데 맛이 기대 이상이었어요.

다이어트 중이라면 365일 냉장고에서 떨어지지 않는 닭가슴살과 고구마, 채소로 만들어 다이어터에게 필요한 영양소가 골고루 들어 있어요. 일주일에 한두 번 도시락으로 챙겨 가면 좋아요.

닭가슴살 넣고 기름 없이 구워요

현미밥동그랑땡

Diet Point

칼로리 316kcal 단백질 33.8g
지방 2.1g 탄수화물 39.4g

• 닭가슴살을 사용해 지방을 줄인다.
• 현미밥으로 포만감을 높인다.
• 기름 없이 굽는다.

1인분 현미밥 ¼공기, 닭가슴살 1쪽, 미니당근 2개, 애호박·양파 ¼개씩, 달걀흰자 1개분, 굴소스 1작은술, 통밀가루 1작은술, 후춧가루 조금, 토마토케첩 ½작은술, 바비큐소스 ¼작은술, 무지방 우유 ½컵

1 닭가슴살 갈기 닭가슴살을 우유에 담가 누린내를 뺀 뒤 믹서에 곱게 간다.

2 채소 다지기 미니당근, 애호박, 양파를 잘게 다진다.

3 반죽하기 닭가슴살과 채소, 밥, 달걀흰자, 굴소스, 통밀가루, 후춧가루를 한데 담고 치대어 반죽한다.

4 동그랑땡 빚어 굽기 반죽을 동글납작하게 빚어 200℃로 예열한 오븐에 10분간 구운 뒤 뒤집어서 10분간 더 굽는다.

5 소스·실파 뿌리기 구운 동그랑땡에 토마토케첩이나 바비큐소스를 뿌린다.

JJ의 쿠킹 리포트

기름을 넉넉히 두르고 지진 동그랑땡은 지방이 너무 많아요. 돼지고기 대신 닭가슴살과 여러 채소, 현미밥을 넣어 만들면 지방은 줄고 포만감은 높아져요. 구울 때도 기름을 두르지 않아 담백하지요. 든든해서 한 끼 식사로 충분하답니다. 현미밥동그랑땡은 만들기 쉽고 간편해서 도시락 메뉴로도 좋아요. 저녁에 반죽을 만들어 놓았다가 아침에 바로 구워 담으면 돼요. 오븐이 없으면 프라이팬에 유산지를 깔고 약한 불에서 구워도 좋아요.
소스 없이 먹어도 간이 맞지만 심심하게 느껴지면 저염 토마토케첩이나 바비큐소스, 두부마요네즈를 조금 찍어 드세요. 여기에 채소를 곁들이면 더 좋겠죠?

두부마요네즈로 칼로리를 낮춰요

참치김밥

Diet Point

칼로리 486kcal   단백질 41.6g
지방 13.2g   탄수화물 34.2g

• 참치를 데쳐 기름을 뺀다.
• 달걀로 단백질을 보충하고 포만감을 높인다.
• 심심하게 간해 염분을 줄인다.

70

1인분 현미밥 ¼공기, 김밥용 김 4장, 참치(통조림) 120g, 게맛살(작은 것) 2개, 김밥용 단무지 2줄,
달걀 4개(흰자 4개, 노른자 2개), 당근(작은 것) ¼개, 시금치 4포기, 깻잎 4장, 두부마요네즈(P.26 참조) 1큰술,
다진 마늘 ½작은술, 참기름·통깨·후춧가루 조금씩, 올리브오일·물 조금씩
단촛물 식초·참기름 ¼작은술씩

1 당근 볶기 당근을 채 썰어 달
군 팬에 물, 후춧가루, 다진 마늘
¼작은술과 함께 볶는다.

2 시금치 무치기 시금치는 뿌리
를 자르고 데쳐 찬물에 헹군다.
물기를 꼭 짜서 다진 마늘 ¼작
은술과 참기름에 무친다.

3 단무지 헹구기 김밥용 단무지
를 찬물에 헹궈서 물기를 뺀다.

4 참치 버무리기 참치를 끓는 물
에 데쳐 두부마요네즈와 후춧가
루를 넣고 버무린다.

5 밥 양념하기 현미밥 ¼공기에
통깨와 단촛물 재료를 넣어 고루
섞는다.

6 지단 부치기 종이타월에 올
리브오일을 묻혀 팬에 바르고
달걀을 풀어 지단을 도톰하게 2
장 부친다.

> 밥의 양이 적으니
> 최대한 골고루
> 펴세요.

7 김에 밥 펴기 김 2장 위에 현미
밥을 얇게 편다.

> 지단을 맨 밑에
> 까세요.

8 김밥 말기 밥 위에 준비한 재료
를 올리고 꼭꼭 만 뒤 김 끝에 물
을 묻혀 붙인다. 먹기 좋게 썬다.

JJ의 쿠킹 리포트

시중에서 파는 김밥은 한 줄에 600~700mg의 나트륨이 들어 있다고 하는데, 이는 WHO가 권장하는 하루 섭취량의
30~35%에 해당하는 양이에요. 국물이 없는 음식치고는 상당히 많은 거지요. 게다가 밥이 많이 들어가서 탄수화물
섭취량도 많아지고요.
다이어트 중에는 집에서 김밥을 만들어 드세요. 밥 ¼공기로 김밥 2줄을 먹을 수 있는 참치김밥이 맛있고 포만감
도 높아 제격이랍니다. 재료는 그때그때 냉장고에 있는 걸 쓰면 되고, 속 재료를 저녁에 미리 준비해 두면 바쁜 아
침에도 문제없어요. 게맛살은 나트륨이 적은 '마파람에 게눈 감추듯'을 썼어요.

고기 대신 저칼로리 패티를 넣어요

닭가슴살두부햄버거

Diet Point

칼로리 478kcal   단백질 44.8g
지방 6.6g   탄수화물 67.7g

• 닭가슴살과 두부로 패티를 만든다.
• 치즈를 넣지 않는다.
• 패티를 오븐에 굽는다.

1인분 햄버거용 통밀빵 1개, 양상추 잎 2장, 양파 슬라이스 1쪽, 토마토 슬라이스 1쪽, 렐리시 1작은술, 홀그레인 머스터드 1작은술
패티 두부 70g, 닭가슴살 1쪽, 무지방 우유 ½컵, 로즈메리 조금, 허브소금·후춧가루 조금씩
렐리시 피클을 다져 만든 양념으로 고기 요리나 햄버거, 핫도그 등에 곁들여 먹어요.

1 양상추·양파 준비하기 양상추는 깨끗이 씻어 물기를 빼고, 양파는 찬물에 1분간 담가 매운맛을 뺀다.

2 닭가슴살 밑간하기 닭가슴살을 적당히 썰어 우유에 담가 누린내를 뺀 뒤 로즈메리, 허브소금, 후춧가루로 밑간한다.

3 닭가슴살·두부 갈아 반죽하기 닭가슴살과 두부를 믹서에 곱게 갈아 반죽한다.

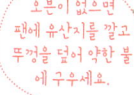
오븐이 없으면 팬에 유산지를 깔고 뚜껑을 덮어 약한 불에 구우세요.

치즈를 넣으려면 저지방 치즈를 넣으세요.

4 패티 빚어 굽기 반죽을 둥글넓적하게 빚어 양파와 함께 240℃로 예열한 오븐에 15분간 굽는다.

5 빵에 머스터드 바르기 햄버거용 통밀빵을 반 가른 뒤 홀그레인 머스터드를 펴 바른다.

6 패티 얹고 렐리시 바르기 통밀빵에 패티를 얹고 렐리시를 바른다.

7 채소 얹고 빵으로 덮기 패티 위에 양파, 토마토, 양상추를 올리고 통밀빵으로 덮는다.

두툼한 패티가 들어간 수제 햄버거는 생각만 해도 군침이 돌아요. 한때 크라제버거의 '마티즈'를 일주일에 한 번은 꼭 먹을 정도로 즐겼는데, 포화지방산과 나트륨의 양을 알고 난 뒤로는 사 먹기가 영 부담스럽더라고요. 그래서 빵은 100% 통밀빵으로 바꾸고 패티는 두부와 닭가슴살로 만들었어요. 여기에 새콤달콤한 렐리시로 맛을 내 부드럽고 담백한 나만의 마티즈를 만들었지요. 베이컨이 들어간 마티즈와 똑같을 순 없지만 만족도 90%의 싱크로율이었어요. 렐리시는 테스코의 '샌드위치 피클'을 권해요. 수제 햄버거와 비슷한 맛이 나면서 나트륨 함량이 1큰술에 100mg으로 다른 제품보다 적은 편이지요. 렐리시는 햄버거뿐 아니라 구운 닭가슴살과도 잘 어울려요.

멸치로 간하고 달걀흰자로 포만감을 높여요

우엉멸치덮밥

Diet Point

칼로리 258kcal 단백질 29.8g
지방 2.1g 탄수화물 28.2g

• 기름에 볶지 않고 끓인다.
• 멸치의 간을 이용해 간장 사용량을 줄인다.
• 달걀흰자로 단백질을 보충하고 포만감을 높인다.

1인분 현미밥 ¼공기, 잔멸치 2큰술, 우엉 5cm 1토막, 당근 ⅙개, 달걀흰자 4개분, 다진 파 1작은술,
저염 간장 ½작은술, 올리고당 1작은술, 물 ¾컵

1 우엉 · 당근 깎기 우엉과 당근
을 필러로 얇게 깎는다.

2 우엉 · 당근 볶기 팬에 물을 붓
고 우엉과 당근을 넣어 센 불에
볶는다.

3 잔멸치 넣기 우엉과 당근의
숨이 죽으면 잔멸치를 넣어 볶
는다.

4 양념해 조리기 ③에 저염 간장
과 올리고당을 넣어 조린다.

5 달걀흰자 프라이하기 달걀을
흰자만 프라이해 그릇에 담는다.

6 그릇에 담기 달걀흰자프라이
위에 현미밥, 멸치볶음을 담고
다진 파를 올린다.

JJ의 쿠킹 리포트

아작아작 씹는 맛이 좋고 영양이 풍부한 메뉴예요. 밥 양이 적어도 달걀흰자를 넉넉히 넣으면 포만감이 좋아 든든
한 한 끼로 손색이 없답니다. 멸치가 간간하기 때문에 간장을 조금만 넣어도 충분히 맛이 나고, 물 대신 멸치국물
을 쓰면 간장의 사용량을 더 줄일 수 있어요.
우엉은 식이섬유가 풍부할 뿐 아니라 신장의 기능을 높여 이뇨작용을 도와요. 혈당치를 낮추는 효과가 있기 때문
에 당분이 들어간 식단에 우엉을 곁들이면 다이어트 효과를 높일 수 있어요.

돼지안심두부소보로덮밥

1인분 현미밥 ¼공기, 돼지고기(안심) 100g, 두부 140g, 굴소스 ½작은술, 물 2큰술
돼지고기 양념 저염 간장·올리고당 1작은술씩, 맛술 ½작은술, 다진 마늘 ½작은술, 후춧가루 조금

1 돼지고기 양념하기 돼지고기를 다져서 양념에 20분간 잰다.

2 두부 물기 짜기 두부를 면 보자기에 싸서 물기를 꽉 짠다.

3 두부 볶기 물기 짠 두부를 센 불에서 기름 없이 노릇하고 보슬보슬하게 볶는다.

4 고기 넣어 볶기 볶은 두부에 양념한 돼지고기와 굴소스, 물을 넣어 볶는다.

5 보슬보슬하게 볶기 ④를 뭉치지 않게 보슬보슬 볶아 현미밥에 올린다.

JJ의 쿠킹 리포트

아주 담백하고 고소한 덮밥이에요. 간이 세지 않고 보슬보슬해서 씹는 맛이 좋고, 도시락으로 싸 가도 맛있게 먹을 수 있어요. 양념은 입맛에 따라 바꿔도 돼요. 고기 양념에 매실청이나 과일을 갈아 넣어도 맛있고, 간장 양념과 굴소스 대신 카레 소스로 볶으면 색다른 맛이 나요.
돼지고기와 현미에는 비타민 B1이 풍부해요. 비타민 B1은 우리 몸에 들어온 탄수화물이 에너지로 바뀌는 것을 도와 탄수화물이 체지방으로 바뀌어 몸에 쌓이는 것을 막는답니다. 특히 돼지안심은 단백질이 풍부하고 지방은 적어 다이어트 요리 재료로 아주 좋아요.

홈메이드 두부마요네즈라 칼로리 부담이 없어요

마요네즈닭가슴살덮밥

Diet Point

칼로리 553kcal   단백질 42.2g
지방 29.1g   탄수화물 26.1g

• 닭가슴살을 소스에 재어 소스 사용량을 줄인다.
• 두부마요네즈를 사용해 지방을 줄인다.
• 달걀흰자로 포만감을 높인다.
• 기름에 굽지 않고 멸치국물에 조린다.

1인분 현미밥 ¼공기, 닭가슴살 1쪽, 달걀 4개(흰자 4개, 노른자 2개), 데리야키소스 1½작은술, 두부마요네즈(P.26 참조) 2큰술, 파슬리가루 조금, 멸치국물 ¾컵, 무지방 우유 ½컵

코팅 팬을 써야
늘어붙지 않아요.
코팅 팬이 아니면
올리브오일을
바르세요.

1 닭가슴살 양념하기 닭가슴살을 반으로 저미고 칼집을 내어 우유에 담갔다가 데리야키소스에 20분간 잰다.

2 지단 부치기 달걀을 흰자와 노른자로 나눠 기름 없이 지단을 부친다.

3 닭가슴살 굽기 팬에 멸치국물을 붓고 닭가슴살을 넣어 조리듯이 익힌다.

4 지단 · 밥 담기 지단을 채 썰어 80%만 그릇에 담고 그 위에 현미밥을 담는다.

5 닭가슴살 얹기 구운 닭가슴살을 썰어 밥 위에 얹고 남은 지단을 올린 뒤 두부마요네즈와 파슬리가루를 뿌린다.

JJ의 쿠킹 리포트

고등학교 때 즐겨 먹던 한솥도시락의 '치킨마요'. 지금도 좋아하긴 하지만 다이어트 중에 짜고 지방 많은 마요네즈 요리를 먹을 수는 없지요. 오리지널 버전 치킨마요 대신 다이어트 치킨마요라 할 수 있는 마요네즈닭가슴살덮밥을 개발해 아쉬움을 달래고 있어요. 데리야키소스에 잰 닭가슴살을 멸치국물에 조려 깔끔하고, 집에서 만든 두부마요네즈라서 듬뿍 넣고 비벼 먹어도 칼로리 부담이 없답니다.
닭가슴살 대신 훈제오리를 써도 맛있어요. 훈제오리를 쓸 경우에는 데리야키소스를 ½작은술만 넣어도 충분해요.

기름에 볶지 않고 조물조물 무쳐서 맛을 내요

북어포비빔밥

1인분 현미밥 ¼공기, 찐 검은콩 ⅔컵, 북어포 1줌(60g), 실파 1뿌리
북어포 양념 저염 간장 1작은술, 올리고당 1½작은술, 다진 마늘 ½작은술, 참기름·통깨 조금씩

북어포를 물에
담그면 맛이 다
빠져나가요.

1 북어포 불리기 북어포에 물을 손끝으로 튀기듯이 뿌려 촉촉하게 적신다.

2 잘게 자르기 북어포가 부드러워지면 가위로 잘게 자른다.

3 무치기 북어포에 양념을 넣어 조물조물 무친다.

4 밥 섞기 북어포무침에 현미밥을 넣고 고루 섞는다.

5 콩 섞기 ④의 밥에 찐 검은콩을 넣고 가볍게 뒤섞은 뒤 실파를 송송 썰어 넣는다.

JJ의 쿠킹 리포트

고소한 북어포와 검은콩이 잘 어울리는 한 그릇 요리예요. 반찬이 따로 필요 없어 간편하고 포만감도 높아요. 무엇보다 불을 쓰지 않고 간단하게 만들 수 있다는 게 장점이지요. 검은콩이 없으면 기름 없이 구운 두부를 잘게 썰어 넣어도 좋아요.
도시락을 쌀 때는 주먹밥으로 만드세요. 북어포무침과 현미밥을 랩에 싸서 뭉치면 바로 주먹밥이 된답니다.
북어는 다이어트를 하면서 자주 먹게 되었는데, 콜레스테롤이 거의 없을 뿐 아니라 다른 생선에 비해 지방이 적고 단백질과 칼슘이 풍부해서 다이어트에 도움이 돼요.

양파를 듬뿍 넣어 체지방이 쌓이지 않게 해요

찹스테이크덮밥

1인분 현미밥 ⅓공기, 쇠고기(목심) 150g, 양파(작은 것) 1개, 피망 · 붉은 피망 · 파프리카 ¼개씩, 양송이버섯 1개, 마늘 5쪽, 스테이크소스 1½작은술, 바비큐소스 1작은술, 후춧가루 · 로즈메리 · 파슬리가루 조금씩, 올리브오일 조금
쇠고기 밑간 허브소금 · 후춧가루 조금씩

1 **쇠고기 밑간하기** 쇠고기는 기름을 떼고 한 입 크기로 썰어 허브소금과 후춧가루로 밑간한다.

2 **채소 · 버섯 썰기** 양파, 피망, 파프리카는 네모나게 썰고 양송이버섯은 기둥을 떼고 저민다. 마늘도 저민다.

3 **채소 · 버섯 볶기** 올리브오일을 종이타월에 묻혀 팬에 바르고 채소와 버섯을 볶는다.

4 **고기 넣기** 채소의 숨이 죽으면 고기를 넣어 함께 볶는다.

5 **양념하기** ④에 스테이크소스와 바비큐소스를 넣어 볶은 뒤 후춧가루, 파슬리가루, 로즈메리를 뿌린다.

6 **그릇에 담기** 그릇에 현미밥을 담고 ⑤의 찹스테이크를 얹는다.

JJ의 쿠킹 리포트

패밀리 레스토랑에서 먹는 스테이크는 버터와 시즈닝 파우더를 듬뿍 넣고 굽기 때문에 칼로리가 높아요. 하지만 소금과 후춧가루로 밑간하고 채소를 곁들인 홈메이드 스테이크는 양질의 단백질과 비타민, 미네랄을 섭취할 수 있어 다이어트에 도움이 되지요. 특히 양파는 지방이 몸에 쌓이는 것을 막기 때문에 고기와 함께 먹으면 아주 좋답니다.
쇠고기에 붙어 있는 기름을 떼어 내고 볶으면 밥에 곁들여 먹기도 좋고 도시락 반찬으로도 그만이에요. 바비큐소스의 양을 조금 줄이고 토마토케첩을 넣어도 맛있어요.

찜통에 쪄서 기름기가 없어요

돼지안심깻잎말이와 누룽지주먹밥

Diet Point

칼로리 501kcal 단백질 36.8g
지방 25.0g 탄수화물 24.9g

- 지방이 적은 안심을 쓴다.
- 저염 간장을 쓴다.
- 과일과 매실청으로 단맛을 낸다.
- 기름에 굽지 않고 찜통에 찐다.

1인분 **돼지고기깻잎말이**
돼지고기(안심) 150g, 깻잎 10장, 김밥용 단무지 1줄
돼지고기 양념 저염 간장 1작은술, 굴소스 ¼작은술, 맛술 · 매실청 ½작은술씩, 간 사과 1작은술,
다진 마늘 조금, 통깨 · 후춧가루 조금씩

누룽지주먹밥
현미밥 ¼공기, 날치알 1큰술, 참기름 · 통깨 조금씩

돼지안심깻잎말이

1 돼지고기 양념하기 돼지고기를 얇게 저며 썰어 양념에 20분간 잰다.

2 깻잎에 말기 깻잎을 흐르는 물에 깨끗이 씻은 뒤 돼지고기를 얹고 돌돌 만다.

3 찌기 돼지안심깻잎말이를 찜통에 10분간 찐다. 단무지를 곁들인다.

누룽지주먹밥

1 밥 양념하기 현미밥을 반씩 나눠 각각 날치알, 참기름과 통깨를 넣고 섞는다.

2 뭉쳐서 굽기 각각의 밥을 둥글게 뭉쳐 200℃로 예열한 오븐에 10분간 굽는다.

JJ의 쿠킹 리포트

찜은 다이어트에 아주 좋은 조리법이에요. 지방이 없는 안심을 담백하게 쪘더니 먹으면서 건강해지는 느낌이 들더라고요. 단무지와 누룽지주먹밥을 곁들이면 든든한 한 끼 식사가 돼요.
고기를 전날 미리 재어 냉장고에서 숙성시키면 고기가 훨씬 부드럽고 양념이 깊숙이 배어 간이 잘 맞아요. 적은 양념으로 최대한 맛을 내는 게 다이어트 요리의 포인트라는 것 잊지 마세요.

기름과 녹말을 빼서 담백해요

청경채해물볶음과 삼각김밥

Diet Point

칼로리 300kcal 단백질 23.7g
지방 7.8g 탄수화물 33.7g

• 청경채로 활성산소의 생성을 막는다.
• 녹말가루 대신 물로 농도를 맞춘다.
• 기름을 적게 쓴다.

JJ의 쿠킹 리포트

센 불에서 걸쭉하게 볶은 해물볶음을 굉장히 좋아하는데 녹말가루가 많이 들어가고 기름도 걱정돼서 다이어트를
시작한 뒤로는 꺼려지더라고요. 결국 기름을 조금만 쓰고 물로 농도를 조절한 '내 맘대로 해물볶음'을 만들게 되었
어요. 여기에 통밀파스타를 삶아 넣고 볶으면 매콤한 볶음파스타가 된답니다.
청경채는 항암작용을 하고 활성산소의 발생을 막는 베타카로틴이 풍부해 건강에 좋아요. 기름에 볶으면 베타카
로틴의 흡수율이 높아지니 볶음 요리에 꼭 청경채를 넣으세요.

청경채해물볶음
모둠 해물 1컵, 청경채 4포기, 파프리카 ¼개, 양파 ¼개, 마른 고추 2개, 마늘 5쪽, 맛술 1작은술, 통깨 조금, 올리브오일 조금
볶음 양념 데리야키소스 1작은술, 굴소스·올리고당 ½작은술씩, 물 4작은술, 고춧가루 1작은술, 후춧가루 조금

삼각김밥
현미밥 ¼공기, 삼각김밥용 김 1장, 후리가케 2g, 참기름 조금

청경채해물볶음

기름이 부족하면 물을 조금씩 넣으세요.

맛술 대신 청주나 화이트 와인을 넣어도 좋아요.

1 채소 썰기 청경채는 밑동을 자르고 파프리카와 양파는 2×2cm로 썬다. 마른 고추는 1cm 길이로 썰고 마늘은 저민다.

2 채소 볶기 팬에 올리브오일을 두르고 중불에서 마늘과 마른 고추를 볶아 향을 낸 뒤 양파와 파프리카를 넣어 볶는다.

3 해물 넣어 볶기 양파가 투명해지면 모둠 해물과 맛술을 넣고 센 불로 볶아 알코올을 날린다.

4 양념 넣어 볶기 ③에 볶음 양념을 넣어 볶는다.

5 청경채 넣기 ①에 청경채를 넣고 센 불에 볶다가 숨이 죽으면 통깨를 뿌리고 불을 끈다.

삼각김밥

후리가케는 넣지 않아도 괜찮아요.

1 밥 양념하기 현미밥에 후리가케와 참기름을 넣어 섞는다.

2 모양 틀에 밥 담기 삼각김밥용 김에 모양 틀을 놓고 밥을 눌러 담는다.

3 김 감싸기 틀을 뺀 뒤 김을 반 접어 올리고 위아래 옆면을 접어 스티커로 붙인다.

양념장을 넣지 않고 재료의 간을 이용해요

훈제연어비빔초밥

Diet Point

칼로리 433kca   단백질 58.5g
지방 18.3g   탄수화물 25.4g

- 고단백, 저지방 연어로 영양을 보충하고
  칼로리를 낮춘다.
- 채소를 듬뿍 넣어 포만감을 높인다.
- 양념장 없이 훈제연어와 단무지로 간을 맞춘다.

1인분 현미밥 ¼공기, 훈제연어 슬라이스 80g, 날치알 2큰술, 달걀 3개(흰자 3개, 노른자 2개), 김밥용 단무지 1줄, 오이 ⅓개, 무순 15g, 통깨 조금
훈제연어 밑간 레몬즙 ½작은술, 후춧가루 조금
단촛물 식초 ¼작은술, 참기름 조금

코팅 팬을 써야
눌어붙지 않아요.
코팅 팬이 아니면
올리브오일을
바르세요.

1 지단 부치기 달걀의 흰자와 노른자를 나눠 기름 없이 지단을 부친다.

2 훈제연어 밑간하기 실온에서 해동한 훈제연어를 먹기 좋게 썰어 레몬즙과 후춧가루로 밑간한다.

3 재료 썰기 오이와 지단은 채 썰고 단무지는 잘게 썬다.

4 밥 양념하기 현미밥에 단촛물과 통깨를 넣어 고루 섞는다.

5 그릇에 담기 그릇에 현미밥을 담고 준비한 재료를 올린다.

JJ의 쿠킹 리포트

다이어트 식단 중에서도 최고로 꼽을 만큼 맛과 영양이 뛰어난 메뉴예요. 훈제연어에 간이 충분히 되어 있어서 비벼 먹으면 자극적이지 않고 간이 딱 맞아요. 양념장이 필요 없어 염분과 칼로리를 줄일 수 있답니다. 만들기 쉽고 배부르면서 칼로리도 낮은 착한 연어비빔초밥. 흠이라면 훈제연어의 몸값이 제법 비싸다는 것이지요.
훈제연어비빔초밥은 구운 김에 싸 먹어도 맛있고, 차게 해서 먹으면 더 맛있어서 도시락으로도 그만이에요. 더운 여름에는 혹시 상할 수 있으니 연어를 살짝 익혀서 준비하세요. 연어는 단백질과 불포화지방산이 풍부할 뿐 아니라 나트륨 배출을 돕는 칼륨이 많아 다이어터에게 좋은 재료랍니다.

당분 많은 소스 대신 굴소스로 맛을 내요

인도네시아식 볶음밥

Diet Point

칼로리 319kcal   단백질 20.6g
지방 9.3g   탄수화물 37.4g

• 채소로 포만감을 높인다.
• 소스를 바꿔 당분을 줄인다.
• 기름 대신 멸치국물에 볶는다.

현미밥 ⅓공기, 칵테일 새우 9마리, 양파 ⅓개, 빨강·노랑 파프리카 ¼씩, 껍질콩 4개, 달걀 1개,
굴소스 1작은술, 토마토케첩 ½작은술, 올리고당 1작은술, 후춧가루 조금, 올리브오일 조금,
멸치국물(또는 물)2큰술
새우 밑간 맛술 1작은술, 후춧가루 조금

새우를 비닐 백에
담아서 찬물에 담가
해동하면 쫄깃한
맛이 살아요.

1 새우 밑간하기 칵테일 새우를
해동해 맛술과 후춧가루로 밑간
한다.

2 채소 썰기 양파, 파프리카, 껍
질콩을 잘게 썬다.

3 채소 볶기 팬에 멸치국물을 두
르고 센 불에서 채소를 볶는다.

코팅 팬을 써야
눌어붙지 않아요.
코팅 팬이 아니면
올리브오일을
바르세요.

4 새우 넣어 볶기 채소가 어느
정도 익으면 새우를 넣어 볶는다.

5 밥·양념 넣어 볶기 ⑤에 현
미밥과 굴소스, 토마토케첩, 올
리고당, 후춧가루, 올리브오일을
넣고 센 불에서 빠르게 볶는다.

6 달걀프라이 하기 달걀을 기
름 없이 프라이해 볶음밥에 곁
들인다.

JJ의 쿠킹 리포트

인도네시아 볶음밥인 나시고렝의 맛을 내 봤어요. 나시고렝은 달달하고 고슬고슬한 맛이 좋지만 당분이 너무 많
아 요주의 메뉴예요. 케첩 마니스라는 소스 때문인데, 이 소스에는 설탕이 생각보다 훨씬 많이 들어가 있어요. 나
시고렝뿐 아니라 우리의 간장처럼 웬만한 인도네시아 음식에 다 들어가기 때문에 인도네시아 음식을 먹을 때는
주의하세요.
문제의 소스를 살짝 바꾸면 당분 걱정 없이 나시고렝의 맛을 즐길 수 있어요. 굴소스와 올리고당을 섞으면 케첩
마니스와 비슷한 맛이 난답니다. 기름을 조금만 넣고 최대한 단시간에 볶아 지방을 줄이는 것도 잊지 마세요.

단백질을 보충하고 기름을 빼요

달걀부추볶음밥

Diet point

칼로리 284kcal 단백질 20.4g
지방 8.9g 탄수화물 29.4g

- 혈액순환 돕는 부추로 부종을 막는다.
- 적은 양의 굴소스로 간해 염분을 줄인다.
- 단시간에 볶아 트랜스지방이 생기지 않게 한다.

1인분 현미밥 ⅓공기, 달걀 4개(흰자 4개, 노른자 1개), 부추 1줌, 마른 고추 1개, 굴소스 ½작은술, 맛술 ¼작은술, 참기름 조금, 통깨·후춧가루 조금씩

맛술 대신 청주나
화이트 와인을
넣어도 좋아요.

1 부추·고추 썰기 부추는 4cm 길이로 썰고, 마른 고추는 1cm 길이로 썬다.

2 달걀 볶기 달걀에 맛술과 후춧가루를 넣고 풀어 약한 불에서 스크램블드에그를 하듯이 볶아낸다.

3 고추 볶기 팬에 참기름을 두르고 중불에서 마른 고추를 볶는다.

4 밥 넣어 볶기 고추 향이 나면 현미밥을 넣어 볶는다.

5 달걀 넣어 볶기 밥이 고슬고슬해지면 볶은 달걀을 넣어 섞는다.

6 부추 넣고 간하기 ④에 부추, 굴소스, 후춧가루를 넣고 센 불로 잠시 볶은 뒤 통깨를 뿌린다.

JJ의 쿠킹 리포트

중국집에서 먹던 부추볶음밥과 비슷하면서 기름기가 없어 아주 담백해요. 단백질 보충은 물론 혈액순환까지 돕는 영양식이랍니다. 조리 포인트는 불 조절이에요. 처음 고추와 밥을 볶을 때는 중불로 빠르게 볶다가 부추를 넣고 센 불로 후다닥 볶아야 한답니다. 너무 오래 볶으면 트랜스지방이 생길 수 있어요. 마른 고추 대신 청양고추를 넣어도 돼요.

밥의 양을 줄이고 달걀 5~6개분의 흰자를 넣어도 좋아요. 달걀흰자 6개의 단백질 양은 닭가슴살 한 쪽에 들어 있는 단백질 양과 비슷해서 닭가슴살이 질릴 때 달걀흰자를 듬뿍 넣은 볶음밥을 먹곤 했답니다.

해물과 다시마국물로 간을 맞춰요

해물현미밥

Diet Point

1인분 칼로리 282kcal   단백질 19.2g
지방 9.4g   탄수화물 29.6g

• 고단백, 저칼로리 해물로 영양을 보충한다.
• 혈액순환 돕는 부추로 부종을 막는다.
• 간을 줄이고 해물로 맛을 낸다.

2인분 불린 현미·불린 검은콩 1컵씩, 모둠 해물 1컵, 표고버섯 1개, 부추 ¼단, 달걀 ½개분, 맛술 1작은술, 다시마국물 3컵

양념장 청양고추·마른 고추 1개씩, 저염 간장·물 1작은술씩, 다진 파 조금, 다진 마늘 1작은술, 들기름 1작은술, 통깨 조금

코팅 팬을 써야 눌어붙지 않아요. 코팅 팬이 아니면 올리브오일을 바르세요.

1 버섯·부추 썰기 표고버섯 은 기둥을 떼어 저미고, 부추는 4cm 길이로 썬다.

2 밥 짓기 밥솥에 현미와 검은콩, 해물, 표고버섯을 안치고 멸치국 물, 맛술을 넣어 밥을 짓는다.

3 지단 부치기 달걀을 풀어 지단 을 부친다.

4 양념장 만들기 청양고추와 마 른 고추를 다져 나머지 재료와 고루 섞는다.

5 밥 섞어 담기 밥이 다 되면 잘 섞어서 그릇에 담고 지단채를 올 린다. 부추와 양념장을 곁들인다.

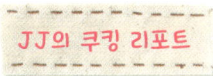

JJ의 쿠킹 리포트

해물을 넣고 다시마국물로 밥을 지으면 간이 알맞게 되어 양념장이 필요 없지만, 칼칼한 양념장을 조금 넣고 비벼 먹으면 해물밥과 잘 어울리면서 입맛이 확 살아나요. 매콤한 맛을 좋아한다면 양념장에 청양고추와 마른 고추를 송송 썰어 넣으세요.

해물은 마트에서 파는 파전용 모둠 해물을 사면 편해요. 손질할 필요도 없이 간단하게 만들 수 있어요. 물론 생 해 물을 쓰면 더 맛있지만 손질하기가 번거로워서…. 홍합 살을 듬뿍 넣어도 맛있어요.

다시마국물이 없으면 맹물로 짓지 말고 다시마를 한 조각 넣어 지으세요. 밥맛이 확실히 좋답니다.

단백질이 듬뿍! 저녁식사

저녁에는 밥이나 빵 같은 탄수화물 식품을 피하고 닭가슴살,
콩, 두부 같은 단백질 식품과 채소 위주의 식단을 준비한다.
묵, 곤약 등을 넣어 포만감을 높이는 센스도 발휘한다.
닭가슴살샐러드, 두부구이, 곤약파스타 등 단백질이 풍부한
저탄수화물 메뉴를 소개한다.

지방이 적은 홈메이드 마요네즈로 버무려요

두부마요네즈참치샐러드

Diet Point

칼로리 455kcal   단백질 37.7g
지방 24.5g   탄수화물 27.4g

• 불포화지방산이 풍부한 참치와 견과로
  영양을 보충한다.
• 두부마요네즈를 사용해 지방을 줄인다.
• 참치를 데쳐 기름과 염분을 뺀다.

참치(통조림) 140g, 사과 ¼개, 바나나 ½개, 말린 크랜베리 1작은술, 오이 · 양파 ¼개씩, 게맛살(작은 것) 1개, 호두살 ¼컵, 두부마요네즈(P.26 참조) 4큰술, 소금 · 후춧가루 · 파슬리가루 조금씩

1 호두살 볶아 다지기 호두살을 약한 불에 기름 없이 볶아 곱게 다진다.

2 오이 절이기 오이를 얇게 썰어 소금을 살짝 뿌려 두었다가 물기를 꽉 짠다.

3 양파 다져 매운맛 빼기 양파는 잘게 나셔 찬물에 1분간 남가 둔다.

4 참치 데치기 참치를 끓는 물에 살짝 데친다.

5 게맛살 갈기 게맛살을 믹서에 넣고 간다.

6 버무리기 사과를 잘게 썰어 바나나를 뺀 나머지 재료와 한데 담아 골고루 버무린다.

7 호두 · 바나나 올리기 ⑥의 샐러드를 그릇에 담고 다진 호두를 뿌린 뒤 바나나를 썰어 올린다.

JJ의 쿠킹 리포트

냉장고에 있는 재료를 활용하면 되고 만들기도 간편해서 저녁운동 전에 자주 챙겨 먹었던 메뉴예요. 늦은 시간에 당분이 많은 과일을 먹는 것은 피하는 게 좋지만, 저녁운동 전에 먹는 건 좋아요. 운동을 하면 과일의 당이 빠르게 에너지로 쓰여서 몸에 잘 쌓이지 않기 때문이에요.

맛이요? 그야 말할 필요도 없지요. 바나나의 달콤함과 크랜베리의 새콤함, 사과의 아삭함이 어우러져 밋밋한 참치 샐러드와는 비교할 수 없답니다. 통밀식빵 사이에 넣어 샌드위치를 만들면 아침식사나 점심 도시락으로도 그만이에요.

미숫가루로 맛을 낸 저칼로리 드레싱을 곁들여요

단호박닭가슴살샐러드

Diet Point

칼로리 586kcal   단백질 36.5g
지방 37.8g   탄수화물 26.7g

• 단호박을 넣어 부종을 막고 포만감을 높인다.
• 닭가슴살로 단백질을 보충한다.
• 드레싱의 염분과 지방을 줄이고 미숫가루로
  맛을 낸다.

1인분 닭가슴살 1쪽, 단호박 ⅙개, 샐러드용 모둠 채소 40g, 통깨·검은깨 2큰술
닭가슴살 밑간 무지방 우유 ½컵, 로즈메리 조금, 허브소금·후춧가루 조금씩
드레싱 두부마요네즈(P.26 참조) 1½큰술, 꿀 1작은술, 레몬즙 ½작은술, 미숫가루 1작은술, 물 3~4작은술

1 닭가슴살 밑간하기 닭가슴살을 우유에 담가 누린내를 뺀 뒤 허브소금과 후춧가루, 로즈메리로 밑간한다.

2 닭가슴살에 깨 묻혀 굽기 닭가슴살에 앞뒤로 깨를 묻혀 240℃로 예열한 오븐에 15분간 굽는다.

3 단호박 익히기 단호박은 껍질을 벗기고 먹기 좋게 썰어 전자레인지에서 3분간 익힌다.

4 드레싱 만들기 드레싱 재료를 고루 섞는다.

5 그릇에 담기 그릇에 채소와 단호박을 담고 닭가슴살을 썰어 얹은 뒤 드레싱을 뿌린다.

JJ의 쿠킹 리포트

닭가슴살샐러드가 다이어트에 좋은 건 알지만, 날마다 먹는다는 건 여간 곤욕스러운 일이 아니에요. 반년 가까이 운동을 하면서 닭가슴살샐러드를 먹었더니 온갖 드레싱을 섭렵하다 못해 직접 드레싱 개발에 나서게 되었답니다. 그 중 몇몇 레시피는 지금도 만들어 먹을 만큼 맛이 좋고 칼로리 부담이 없어 추천해요.
샐러드드레싱은 염분과 지방의 양이 중요한데, 미숫가루를 넣은 드레싱은 그런 면에서 아주 탁월해요. 맛도 달콤하고 고소해 시럽이나 올리고당을 줄일 수 있지요. 미숫가루는 현미와 검은콩을 갈아 만든 것을 쓰세요. 일반 미숫가루보다 GI가 낮답니다. 마트에서 쉽게 살 수 있어요.

근육 발달 돕는 양질의 단백질을 섭취해요

검은콩드레싱두부샐러드

Diet Point

칼로리 456kcal	단백질 33.5g
지방 23.5g	탄수화물 30.3g

• 두부와 콩으로 식물성 단백질을 보충한다.
• 두부를 기름 없이 오븐에 굽는다.
• 드레싱에 소금과 기름을 넣지 않는다.

1인분 부침용 두부 140g, 샐러드용 모
둠 채소 30g, 말린 크랜베리 ½
큰술, 아몬드 슬라이스 1작은술,
피칸 3개, 캐슈너트 5개
드레싱 찐 검은콩 100g, 플레인
요구르트 2½큰술, 레몬즙 1작은
술, 올리고당 ½작은술, 물 3큰술

1 두부 굽기 두부를 깍둑썰기 해
서 200℃로 예열한 오븐에 10분
정도 구워 식힌다.

2 드레싱 만들기 찐 검은콩을
믹서로 갈아 나머지 재료와 섞
는다.

3 그릇에 담기 접시에 채소와 두
부를 담고 검은콩드레싱과 크랜
베리, 견과를 뿌린다.

JJ의 쿠킹 리포트

다이어트하면서 웨이트트레이닝을 함께 할 경우에는 단백질을 더 많이 챙겨 먹어야 해요. 검은콩은 양질의 단백
질과 고소한 맛을 동시에 잡을 수 있고, 샐러드로는 부족할 수 있는 포만감까지 채울 수 있어 좋아요. 칼로리가 너
무 높다고요? 검은콩에 불포화지방산이 풍부하기 때문이에요. 수치는 높지만 살은 찌지 않으니 걱정 마세요.
오븐이 없거나 두부 굽는 게 귀찮으면 생식용 두부를 써도 좋아요. 아주 부드러운 샐러드를 즐길 수 있어요. 방울
토마토, 딸기, 블루베리 등을 곁들이면 더 맛있답니다.

소금 간 대신 허브와 요구르트로 맛을 내요

요구르트드레싱닭가슴살샐러드

Diet Point

칼로리 218kcal 단백질 29.5g
지방 6.8g 탄수화물 9.6g

• 저지방 요구르트를 쓴다.
• 채소를 듬뿍 넣어 포만감을 높인다.
• 닭가슴살을 기름 없이 오븐에 굽는다.

1인분 닭가슴실 1쪽, 샐러드용 모둠 채소 50g, 산딸기·블루베리 ½큰술씩, 잘게 썬 닭가슴살육포 ½큰술
마늘허브소스 다진 마늘 1½큰술, 다진 바질 1큰술, 다진 아몬드 2작은술, 파슬리가루 조금, 올리브오일 ½작은술
드레싱 홀그레인 머스터드 ¼작은술, 플레인 요구르트 1⅓큰술, 레몬즙 ½작은술, 올리고당 ¼작은술

1 닭가슴살에 소스 발라 굽기 마늘허브소스를 섞어 닭가슴살에 발라 220℃로 예열한 오븐에 15분간 구워 식힌다.

2 드레싱 만들기 드레싱 재료를 고루 섞는다.

3 그릇에 담기 그릇에 채소를 담고 닭가슴살을 썰어 얹은 뒤 드레싱과 산딸기, 블루베리, 닭가슴살육포를 뿌린다.

JJ의 쿠킹 리포트

플레인 요구르트는 '퓨어 제로팻'과 '내 곁에 목장 유기농 요구르트'를 3:2로 섞어 쓰세요. '퓨어 제로팻'은 지방은 없지만 당분이 많은 편이고, '내 곁에 목장 유기농 요구르트'는 당분은 적지만 지방이 많은 편이라 둘을 섞으면 균형이 맞아요.
닭가슴살육포는 집에서 만들면 좋아요. 닭가슴살을 저며서 저염 간장, 데리야키소스, 맛술, 매실청, 간 사과, 다진 마늘, 물을 섞은 양념에 재어 100℃의 오븐에 구워 식히면 돼요. 자세한 레시피는 P.179에 있어요.

칼로리 부담이 없는 곤약을 이용해요

곤약비빔국수

1인분 실곤약 200g, 닭가슴살(통조림) 150g, 달걀 1개, 양배추 잎 · 적채 잎 1장씩, 깻잎 4장, 당근 ⅙개, 새싹채소 20g

양념장 고추장 · 고춧가루 1작은술씩, 물 2작은술, 매실청 1큰술, 천연감미료(에리스리톨) 1작은술, 다진 마늘 조금, 참기름 1작은술, 통깨 조금

1 채소 준비하기 양배추, 석채, 당근, 깻잎은 채 썰고 새싹채소는 씻어 물기를 뺀다.

2 닭가슴살 데치기 닭가슴살을 끓는 물에 데친다.

3 달걀 삶기 달걀을 삶아 반 자른다.

4 양념장 만들기 양념장 재료를 고루 섞는다.

5 실곤약 데치기 실곤약을 끓는 물에 식초를 넣고 20~30초 살짝 데쳐 물기를 꽉 짠다.

6 그릇에 담기 실곤약을 양념장에 비벼 준비한 재료와 함께 그릇에 담는다.

JJ의 쿠킹 리포트

곤약은 칼로리가 200g당 20kcal밖에 안 되면서 포만감은 좋은 훌륭한 다이어트 식품이에요. 칼로리 부담이 없어 늦은 저녁을 먹을 때나 출출함을 견디기 어려운 밤에 즐겨 먹는 메뉴랍니다.

밤에 짠 고추장을 먹는 게 좋진 않지만, 채소의 칼륨이 나트륨 배출을 돕기 때문에 걱정하지 않아도 괜찮아요. 특히 칼륨이 풍부한 양배추는 꼭 넣으세요. 다만 고추장은 양념 중에서도 나트륨이 가장 많이 들어 있으니 양을 꼭 지키세요. 간이 부족하다고 느껴지면 저염 간장을 조금 넣는 게 더 나아요.

'에리스리톨'은 찬 음식에 쓰는 천연감미료예요. 에리스리톨이 없으면 '그린스위트'나 결정과당도 괜찮아요.

단백질을 보완하고 염분 많은 국물은 빼요

묵사발

Diet Point

칼로리 422kcal   단백질 23.2g
지방 15.6g   탄수화물 47.5g

• 지방이 적은 설도를 쓴다.
• 채소를 넣어 포만감을 높인다.
• 김치의 양념을 씻어 짠 맛을 뺀다.
• 국물을 넣지 않아 염분을 줄인다.

1인분 묵(도토리묵 · 메밀묵 · 청포묵) 350g, 쇠고기(설도) 100g, 배추김치 1쪽, 김 1장, 상추 3장, 새싹채소 20g, 물 1큰술
고기 양념 저염 간장 1½작은술, 맛술 ½작은술, 매실청 1작은술, 올리고당 ½작은술, 다진 마늘 ½작은술, 깨소금 · 후춧가루 조금씩
김치 양념 고춧가루 ½작은술, 결정과당 ¼작은술, 다진 파 ½작은술, 참기름 조금, 통깨 ¼작은술
결정과당 가루로 만든 과당으로 설탕보다 단맛이 강하고 GI가 낮아요.

1 쇠고기 양념하기 쇠고기를 채 썰어 양념에 20분간 잰다.

2 쇠고기 볶기 팬에 물 1큰술을 두르고 양념한 쇠고기를 볶는다.

3 김치 씻기 김치는 양념을 씻어 내고 찬물에 잠시 담가 짠맛을 뺀다.

4 김치 무치기 김치의 물기를 꽉 짜서 잘게 썰어 양념에 무친다.

5 묵 · 채소 · 김 준비하기 묵과 상추는 먹기 좋게 썰고, 새싹채소는 씻어 물기를 뺀다. 김은 구워서 부순다.

6 그릇에 담기 준비한 재료를 그릇에 보기 좋게 담는다.

JJ의 쿠킹 리포트

묵은 칼로리가 매우 낮아서 다이어트에 참 좋아요. 하지만 밖에서 사 먹는 묵사발은 김치와 고기에 간이 많이 되어 있고 국물도 간간하기 때문에 다이어트식으로 먹기에는 좋지 않아요.
김치를 헹궈 염분을 빼고 고춧가루와 통깨, 결정과당으로 맛을 내 봤어요. 국물은 빼고요. 대신 채소와 고기를 넣었더니 배도 부르고, 영양도 보완되고, 맛도 사 먹는 묵사발 못지않았답니다. 묵과 두부를 반반씩 넣어도 색달라요.
묵사발을 아침이나 점심에 먹어도 좋은데, 그럴 경우에는 현미밥을 곁들이세요. 비벼 먹으면 맛있어요.
결정과당은 베스트오가닉(www.bestorganic.co.kr)에서 살 수 있어요.

떡 대신 저칼로리 묵말랭이로 만들어요

묵말랭이궁중볶음

1인분 쇠고기(설도) 80g, 불린 묵말랭이 40g, 느타리버섯 30g, 표고버섯 ⅓개, 양배추 잎 1장, 양파 ¼개, 당근 ⅛개, 파프리카 ⅛개, 청양고추 1개, 실파 1뿌리, 통깨 조금, 멸치국물 1컵
쇠고기 양념 저염 간장 1½작은술, 맛술·매실청 1작은술씩, 올리고당 ½작은술, 간 사과 1작은술, 다진 마늘 ½작은술, 통깨·후춧가루 조금씩

1 쇠고기 양념하기 쇠고기를 채 썰어 양념해 20분간 잰다.

2 묵말랭이 불리기 묵말랭이를 찬물에 담가 하룻밤 두었다가 조리 직전에 뜨거운 물에 10분 이상 불린다.

3 버섯·채소 썰기 느타리버섯은 가늘게 찢고, 표고버섯은 밑동을 떼고 저민다. 채소는 채 썰거나 송송 썬다.

4 채소·버섯 끓이기 팬에 멸치 국물을 붓고 실파를 뺀 나머지 채소와 버섯을 넣어 끓인다.

5 고기 넣어 볶기 채소의 숨이 죽고 국물이 반쯤 졸면 재어 놓은 쇠고기를 넣어 볶는다.

6 묵말랭이 넣기 고기가 익으면 묵말랭이와 실파를 넣고 센 불에서 2~3분간 볶은 뒤 통깨를 뿌린다.

JJ의 쿠킹 리포트

떡볶이를 너무 좋아하지만 떡은 다이어트 기간에 피해야 하는 식품이라 쫄깃하면서 칼로리가 낮은 묵말랭이로 바꿔 봤어요. 떡과 똑같은 맛은 아니지만 씹는 맛이 좋아 대체식품으로 손색이 없어요. 묵말랭이는 전날 미리 불려 두어야 말랑하고 쫄깃하게 불어요. 끓는 물에 20분 정도 삶아도 되는데, 씹는 맛이 불리는 것만 못합니다.
다이어트를 위해서는 심심하게 먹는 것이 바람직하지만 달달한 궁중떡볶이 맛을 느끼고 싶다면 올리고당을 조금 더 넣으세요. 또 저염식을 처음 하는 초보 다이어터들은 저염 간장을 조금 더 넣어도 좋아요. 여기에 실곤약을 넣으면 저칼로리 잡채가 되고, 닭가슴살채소볶음(P.110 참조)의 양념으로 볶으면 매콤한 떡볶이가 돼요.

짜지 않게 떡볶이 맛을 내요

닭가슴살채소볶음

Diet Point

칼로리 296kcal   단백질 40.5g
지방 4.0g   탄수화물 23.8g

· 양배추를 넣어 나트륨 배출을 돕는다.
· 고추장을 조금만 넣어 염분을 줄인다.
· 기름 없이 멸치국물로 볶는다.

1인분 닭가슴살 150g, 표고버섯 1개, 양배추 잎 3장, 양파 · 당근(작은 것) ¼개씩, 우엉 50g, 대파 ⅓대,
올리고당 1작은술, 통깨 조금, 멸치국물 ⅓컵
닭가슴살 밑간 무지방 우유 ¼컵, 후춧가루 조금
소스 칠리소스(또는 토마토케첩) 1½작은술, 고추장 ¼작은술, 고춧가루 1작은술, 저염 간장 · 맛술 ⅓작은술씩,
다진 마늘 ⅓작은술

1 버섯 · 채소 썰기 표고버섯은
밑동을 떼고 저민다. 당근과 우
엉, 양파, 양배추는 채 썰고, 대파
는 어슷하게 썬다.

2 닭가슴살 밑간하기 닭가슴살
을 한 입 크기로 썰어 우유에 담
가 누린내를 뺀 뒤 후춧가루를
뿌려 둔다.

3 채소 · 닭가슴살 볶기 팬에 멸
치국물을 붓고 대파를 뺀 채소와
닭가슴살을 넣는다. 뚜껑을 덮어
약한 불로 볶는다.

4 소스 넣기 채소의 숨이 죽으면
소스 재료를 섞어 넣는다.

5 대파 · 올리고당 넣기 채소가
익으면 대파와 올리고당을 넣고
센 불로 볶는다. 국물이 자작해
지면 통깨를 뿌린다.

JJ의 쿠킹 리포트

떡볶이는 탄수화물과 염분이 많은 음식이라 한동안 피하다가 매콤한 떡볶이가 그리워 떡과 어묵 대신 닭가슴살과
채소를 넣고 볶았어요. 떡볶이 맛이 나면서 칼로리와 염분 걱정은 없어 아주 맛있게 먹었답니다.
채소는 냉장고 사정에 맞춰 아무거나 넣으면 되지만 양배추는 꼭 넣으세요. 나트륨을 배출하는 효과가 있을 뿐 아
니라 포만감이 크기 때문에 탄수화물의 빈자리를 채워 줍니다.
요요현상을 피하려면 평소 싱겁게 먹는 습관을 들이세요. 다이어트가 끝나고 나서 다시 짜게 먹으면 요요현상이
올 수 있어요. 무염 식단 다이어트가 실패하기 쉬운 이유가 바로 그것 때문이랍니다.

나트륨과 활성산소를 없애 효과를 높여요

시금치프리타타

Diet Point

칼로리 227kcal 단백질 23.6g
지방 11.3g 탄수화물 6.7g

• 항산화 작용이 있는 시금치를 넣는다.
• 칼륨이 풍부한 토마토를 넣는다.
• 기름을 두르지 않고 바른다.

달걀 5개(흰자 5개, 노른자 2개), 시금치 3포기, 토마토 1개, 토마토소스(P.26 참조) 1큰술,
후춧가루 · 파슬리가루 조금씩, 올리브오일 조금

1 시금치 · 토마토 썰기 시금치
는 깨끗이 씻어 뿌리를 잘라 내
고, 토마토는 납작하게 썬다.

2 토마토 굽기 종이타월에 올리
브오일을 묻혀 팬에 바르고 토마
토를 굽는다.

3 시금치 넣기 ②에 시금치를 넣
어 숨이 살짝 죽을 때까지만 익
힌다.

4 달걀 풀기 달걀에 후춧가루,
파슬리가루를 넣고 고루 푼다.

5 달걀 부어 익히기 달걀을 팬에
붓고 뚜껑을 덮어 약한 불로 익
힌다. 토마토소스를 곁들인다.

JJ의 쿠킹 리포트

프리타타는 이탈리아식 오믈렛이에요. 바쁠 때 후다닥 해 먹을 수 있어서 다이어트 기간 중에 자주 찾게 되는 메
뉴지요. 항산화 작용으로 활성산소를 없애는 시금치와 나트륨을 배출시키는 칼륨이 풍부한 토마토를 듬뿍 넣어
만들면 다이어트 효과도 높아진답니다. 여기에 양파나 파프리카 등을 함께 넣으면 더 좋아요. 폭신한 질감을 즐기
려면 프라이팬보다 오븐에 구우세요.
소스는 토마토케첩보다 집에서 만든 토마토소스를 곁들이세요. 칼로리가 낮을 뿐 아니라 맛도 훨씬 좋아요.

고기 대신 두부를 넣어 담백해요

두부새우스테이크

Diet
Point

칼로리 310kcal   단백질 26.6g
지방 12.8g   탄수화물 22.2g

• 고기 대신 두부를 넣어 칼로리를 낮춘다.
• 소금 간 대신 게맛살로 간을 맞춘다.
• 기름 없이 오븐에 굽는다.

1인분 부침용 두부 140g, 칵테일 새우 9마리, 표고버섯 1개, 양파 ½개, 애호박 슬라이스 3쪽, 게맛살(작은 것) 1개, 달걀 1개, 바비큐소스·두부마요네즈(P.26 참조) 조금씩, 통밀가루 1작은술, 후춧가루·파슬리가루 조금씩

소스 데리야키소스·물 1작은술씩, 굴소스·올리고당 ¼작은술씩, 매실청 ½작은술

곁들이 미니당근 5개, 브로콜리(작은 것) ¼개

1 재료 준비하기 표고버섯과 채소는 잘게 다지고, 게맛살과 칵테일 새우는 각각 믹서에 간다.

2 두부 물기 짜기 두부를 면 보자기로 싸서 물기를 짠다.

3 소스 만들기 소스 재료를 모두 섞는다.

4 반죽하기 버섯, 채소, 게맛살, 새우, 두부를 한데 담고 달걀, 통밀가루, 후춧가루를 넣어 치대어 반죽한다.

5 굽기 반죽을 둥글넓적하게 빚어 소스를 발라 200℃의 오븐에 10분간 구운 뒤, 뒤집어서 다시 소스를 발라 10분 더 굽는다.

6 곁들이 준비하기 미니당근은 전자레인지에서 1분간 익히고, 브로콜리는 끓는 물에 소금을 넣고 데친다.

7 소스 뿌리기 스테이크에 바비큐소스와 두부마요네즈, 파슬리가루를 뿌린다. ⑥의 채소를 곁들인다.

JJ의 쿠킹 리포트

냉장고에 유통기한이 다 된 두부와 시들어 가는 채소가 있어서 처리할 요량으로 별 기대 않고 만든 것인데 의외로 맛이 좋아 깜짝 놀랐던 요리예요. 두부에 간을 하지 않았지만 게맛살에 간이 있고 소스를 살짝 발라 굽기 때문에 싱겁지 않아요. 홈메이드 두부마요네즈와 바비큐소스를 조금 곁들이면 더 맛있어요.

동물성 단백질과 식물성 단백질을 고루 섭취해요

두부달걀구이

1인분 부침용 두부 140g, 달걀 5개(흰자 5개, 노른자 2개), 데리야키소스 1 작은술, 참깨·검은깨 조금씩, 올 리브오일 조금

오븐이 없으면 전자레인지에서 3분 정도 익히세요.

1 두부 물기 짜기 두부를 끓는 물에 데쳐 면 보자기에 싸서 물 기를 꽉 짠다.

2 두부 으깨기 오븐용 그릇에 올 리브오일을 바르고 두부를 으깨 서 담는다.

3 재료 섞어 굽기 두부에 달걀 과 데리야키소스를 넣고 잘 섞어 200℃의 오븐에 15분간 구운 뒤 통깨와 검은깨를 뿌린다.

JJ의 쿠킹 리포트

달걀과 두부는 둘 다 고단백, 저지방 식품인 데다 어디서나 쉽게 살 수 있어서 맘에 쏙 들어요. 두부달걀구이는 이 착한 재료들로 뚝딱 만들어 먹을 수 있는 메뉴랍니다. 시간이 없거나 요리하기 귀찮은 날 간단하게 단백질을 섭취할 수 있을 뿐 아니라 맛도 좋아서 저녁식사로는 물론 도시락 반찬으로도 좋아요.
데리야키소스 대신 토마토 페이스트나 토마토케첩을 조금 넣어도 색다른 맛이 좋아요.

두부와 우유로 생크림을 대신해요
게맛살크림소스두부

Diet Point

칼로리 312kcal   단백질 33.0g
지방 9.1g   탄수화물 23.1g

- 생크림 대신 두부와 무지방 우유를 넣어 지방을 줄인다.
- 게맛살과 명란으로 소금 간을 대신한다.
- 두부를 기름 없이 전자레인지에 익힌다.

1인분 생식용 두부 210g+25g, 무지방 우유 1컵, 게맛살(작은 것) 2개, 명란 1큰술, 후춧가루 · 파슬리가루 조금씩

저으면서 끓여야 눌어붙지 않아요.

1 두부 익히기 두부 210g을 전자레인지에서 1분 30초 동안 익혀 종이타월로 물기를 닦는다.

2 소스 끓이기 두부 25g을 곱게 갈아 우유와 함께 약한 불에서 끓인 뒤, 게맛살과 명란을 썰어 넣고 후춧가루를 뿌려 끓인다.

3 소스 끼얹기 접시에 두부를 담고 ③의 소스를 끼얹은 뒤 파슬리가루를 뿌린다.

JJ의 쿠킹 리포트

다이어트를 할 때 크림소스를 피해야 하는 이유는 소금과 생크림 때문이에요. 그래서 생크림 대신 두부와 무지방 우유를 넣었어요. 이렇게 만든 크림소스는 포화지방산이 없고, 여기에 게맛살을 넣으면 간을 하지 않아도 돼 염분도 많지 않아요. 이때 게맛살의 선택이 아주 중요해요. '마파람에 게눈 감추듯'은 두 개의 나트륨이 200mg 정도로 적어 부담 없이 먹을 수 있답니다.
게맛살크림소스에 통밀 파스타를 버무리면 크림파스타가 되고, 현미밥을 넣으면 크림리소토가 되니 다양하게 즐기세요.

토마토가지그라탱

Diet Point

칼로리 212kcal   단백질 11.9g
지방 10.4g   탄수화물 20.5g

• 다이어트 돕는 채소를 듬뿍 넣는다.
• 모차렐라 치즈 대신 저지방 치즈를 쓴다.
• 토마토페이스트를 사용해 칼로리를 낮춘다.

1인분 토마토 1개, 가지 ⅔개, 애호박 ⅓개, 달걀 3개(흰자 3개, 노른자 1개), 저지방 치즈 1장, 토마토페이스트 1큰술, 소금 · 바질가루 · 파슬리가루 조금씩, 올리브오일 조금

1 채소 준비하기 가지, 애호박, 토마토를 납작하게 썬다. 가지와 애호박은 소금을 뿌려 두었다가 물기가 배어나오면 닦는다.

2 가지 · 애호박 굽기 달군 팬에 올리브오일을 두르고 가지와 애호박을 넣어 센 불에 굽는다.

3 그릇에 가지 담기 올리브오일을 바른 오븐용 그릇에 구운 가지를 3쪽 정도 남기고 담은 뒤 토마토페이스트를 바른다.

4 애호박 · 치즈 담기 ③에 애호박과 저지방 치즈를 얹는다.

5 달걀 · 토마토 담기 달걀을 풀어 ④에 붓고 토마토와 구운 가지를 마저 올린 뒤 바질가루와 파슬리가루를 뿌린다.

6 굽기 ⑤의 그릇을 200℃로 예열한 오븐에 넣어 25분간 굽는다.

JJ의 쿠킹 리포트

가지는 칼륨이 풍부해 이뇨작용을 돕고, 애호박은 부기를 빼고, 토마토는 활성산소를 없애요. 토마토가지그라탱은 다이어트를 돕는 채소들을 한꺼번에 맛있게 먹을 수 있는 메뉴지요.
가지는 기름을 많이 먹기 때문에 센 불에서 재빨리 구워야 해요. 오븐에 한 번 더 구울 거니까 완전히 익힐 필요 없어요. 포화지방산이 많은 모차렐라 치즈는 피하는 게 좋아요. 대신 저지방 치즈를 채소 사이에 넣고 구우면 간도 되고 치즈가 채소에 녹아들어 아주 맛있답니다. 시중에서 파는 저지방 치즈 중 포화지방산이 비교적 적은 것은 '드빈치 50% fat down' 이에요. 오븐에 굽지 않고 찌면 부드러운 그라탱이 된답니다.

파스타 대신 실곤약으로 만들어요

닭가슴살곤약파스타

Diet Point

칼로리 244kcal   단백질 32.0g
지방 2.5g   탄수화물 24.0g

• 파스타 대신 실곤약을 쓴다.
• 생크림 대신 두부를 넣는다.
• 기름에 볶지 않고 끓인다.

실곤약 200g, 닭가슴살 1쪽, 느타리버섯 50g, 양파 ¼개, 마늘 5쪽, 무지방 우유 1컵, 생식용 두부 35g, 통밀가루 1작은술, 허브소금 · 후춧가루 · 파슬리가루 조금씩
닭가슴살 밑간 무지방 우유 ½컵, 로즈메리 조금, 허브소금 · 후춧가루 조금씩

1 닭가슴살 밑간하기 닭가슴살을 한 입 크기로 썰어 우유에 담가 누린내를 뺀 뒤 로즈메리, 허브소금, 후춧가루로 밑간한다.

2 버섯 · 채소 준비하기 느타리버섯은 가늘게 찢고 양파는 채 썬다. 마늘은 저민다.

3 실곤약 데치기 실곤약을 끓는 물에 식초를 조금 넣고 데쳐 찬물에 헹군 뒤 물기를 꼭 짠다.

4 우유 · 두부 갈기 우유와 두부를 믹서에 넣고 곱게 간다.

5 버섯 · 채소 · 닭가슴살 넣기 ④의 우유를 끓이다가 끓어오르면 채소, 버섯, 닭가슴살을 넣고 약한 불에서 저어 가며 끓인다.

6 간 맞추기 후춧가루, 파슬리가루, 허브소금으로 간을 한다.

7 실곤약 넣기 실곤약을 넣고 통밀가루를 체에 쳐서 넣은 뒤 센 불에서 걸쭉하게 끓인다.

JJ의 쿠킹 리포트

실곤약으로 파스타를 만들면 칼로리 부담이 확 줄어요. 실곤약은 칼로리가 거의 없으면서 포만감은 커서 닭가슴살과 함께 먹으면 아주 훌륭한 한 끼 식사가 된답니다.
처음 만들었을 때는 곤약의 물기를 빼지 않고 그대로 넣는 바람에 곤약이 퍼져 버렸어요. 꼭 짜서 넣어야 쫄깃한 맛도 살고 소스도 묽어지지 않아요. 농도는 통밀가루로 조절하세요.
채소를 올리브오일에 볶다가 우유를 넣고 끓이면 더 고소하겠지만 저녁 메뉴라서 기름은 뺐어요. 점심식사라면 기름을 조금 넣고 볶거나 저지방 치즈를 한 장 넣어도 좋아요.

기름을 쓰지 않고 매콤하게 볶아요

홍합찜

Diet Point

칼로리 143kcal   단백질 16.7g
지방 3.6g   탄수화물 11.9g

• 고단백, 저칼로리 홍합으로 영양을 보충한다.
• 고추를 넣어 신진대사를 돕는다.
• 기름 없이 멸치국물에 끓인다.

1인분 그린홍합 12개, 양파 ¼개, 풋고추·붉은 고추 1개씩, 멸치국물 1컵
찜 양념 고춧가루 2작은술, 저염 간장 1½작은술, 맛술 1작은술, 올리고당 ½작은술, 다진 마늘 ½작은술,
후춧가루 조금, 멸치국물 1큰술
그린홍합 크고 껍데기가 녹색 빛을 띠는 홍합으로 대부분 뉴질랜드산이에요. 구이, 찜 등을 많이 해요.

올리고당은 넣지 않아도 좋아요.

1 **홍합 씻기** 그린홍합을 실온에서 해동해 깨끗이 씻는다.

2 **양파·고추 다지기** 양파와 고추를 잘게 다진다.

3 **찜 양념 만들기** 찜 양념 재료를 고루 섞는다.

4 **홍합 끓이기** 멸치국물에 홍합을 넣고 센 불에 끓인다.

5 **양념·채소 넣기** 국물이 끓어 오르면 찜 양념과 양파, 고추를 넣고 자작하게 볶는다.

JJ의 쿠킹 리포트

전에는 홍합을 좋아하지 않았는데, 홍합이 단백질과 불포화지방산이 풍부하면서 칼로리는 낮은 영양식품이라는 걸 알게 되면서 즐겨 먹게 되었어요. 그 중 가장 맛있었던 메뉴가 홍합찜이에요.
홍합찜은 원래 마늘과 채소를 기름에 볶다가 홍합을 넣고 함께 볶아 만들지만, 기름 대신 멸치국물을 넣어 볶듯이 끓여도 훌륭한 맛이 나요. 여기에 콩나물이나 미나리를 넣으면 더 맛있고 풍성한 홍합찜이 되지요. 특히 매콤하게 양념한 홍합찜은 뿌리칠 수가 없어요. 어떤 때는 남은 양념이 아까워서 밥 한 숟가락을 넣고 구운 김을 솔솔 뿌려 비벼 먹곤 한답니다. 다이어트를 위해서 참아야 하지만 아주 가끔은 스트레스 해소에 도움이 되거든요.

외식보다 맛있는 별식

다이어트 중에도 피자나 햄버거의 유혹은 피하기 어렵다.
하지만 먹기에는 너무 부담스러운 음식이다. 살찔 걱정 없이
먹을 수 있는 별미요리를 소개한다. 때로는 자신에게 맛있고
건강한 다이어트 별식을 선물하라. 자칫 지루할 수 있는
다이어트가 즐거워진다.

채소와 요구르트 소스로 칼로리를 낮춰요

연어가든피자

Diet
Point

1인분 칼로리 400kcal   단백질 12.7g
지방 7.7g   탄수화물 5.5g

• 통밀가루를 사용해 GI를 낮춘다.
• 치즈 대신 아몬드가루로 고소한 맛을 낸다.
• 요구르트 소스로 칼로리와 염분을 줄인다.

4인분 **피자 도** 통밀가루 350g, 소금 1.5g, 이스트 7.5g, 미지근한 물 ¾컵, 카놀라유 1큰술
토핑 훈제연어 슬라이스 70g, 양파 ⅓개, 어린잎채소 60g, 방울토마토 7개, 아몬드가루 2작은술
요구르트 소스 플레인 요구르트 4큰술, 홀그레인 머스터드 ¼작은술, 레몬즙 ½작은술

1 가루 섞기 볼에 통밀가루, 소금, 이스트를 넣고 소금과 이스트가 닿지 않도록 주걱으로 각각 섞은 뒤 한꺼번에 섞는다.

2 반죽하기 ①의 가루에 미지근한 물을 넣어 반죽하다가 날가루가 보이지 않으면 카놀라유를 넣고 마저 반죽한다.

3 발효시키기 반죽에 랩을 씌워 실온에서 1.5~2배로 부풀 때까지 30~40분 발효시킨다.

4 가스 빼고 휴지시키기 발효된 반죽을 주먹으로 꾹꾹 눌러 가스를 뺀 뒤 둥글려서 15분간 휴지시킨다.

5 밀대로 밀기 반죽을 3~4mm 두께로 밀대로 민 뒤 포크로 찔러 구멍을 낸다.

6 양파 올려 굽기 ⑤의 도에 양파를 채 썰어 얹어 200℃로 예열한 오븐에 15분간 굽는다.

7 소스 만들기 요구르트 소스 재료를 고루 섞는다.

8 토핑하기 구운 도에 어린잎채소와 방울토마토, 훈제연어를 올리고 소스와 아몬드가루를 뿌린다.

JJ의 쿠킹 리포트

다이어트를 하면서 가장 참기 힘든 음식 중 하나가 피자였어요. 고민 끝에 생각해 낸 것이 연어와 채소를 듬뿍 얹은 연어가든피자예요. 피자 도는 통밀가루로 반죽하고 소금도 적게 넣었어요. 소스는 저칼로리 저지방인 요구르트 소스를 쓰고, 훈제연어가 간간하기 때문에 토핑이나 소스에 따로 간을 하지 않았어요. 염분 많고 칼로리 높은 시판 피자와는 비교할 수 없겠죠?
느끼하지 않고 상큼 고소한 연어가든피자는 처음 만들었을 때 무려 7쪽이나 먹어 치웠을 만큼 중독성이 강하니 과식하지 않도록 주의하세요. 군것질을 하지 않은 날이라면 파르메산 치즈가루를 조금 뿌려 먹어도 좋아요.

빵 대신 밥으로 만들어요

현미밥피자

Diet Point

1인분 칼로리 386kcal   단백질 15.3g
지방 3.5g   탄수화물 72.3g

- 현미밥 도로 GI와 칼로리를 낮춘다.
- 치즈 대신 무지방 우유와 달걀을 넣는다.
- 홈메이드 토마토소스를 사용해 염분과
  당분을 줄인다.

2인분

피자 도 현미밥 1공기, 달걀 1개
토핑 칵테일 새우 6마리, 고구마(작은 것) 2개, 표고버섯 ½개, 양파 ¼개, 파프리카 ⅛개,
애호박 슬라이스 2쪽, 플레인 요구르트(또는 무지방 우유) 2작은술, 달걀흰자 2개분, 무지방 우유 2큰술,
토마토소스(P. 26 참조) 2큰술, 파슬리가루 조금
새우 밑간 맛술 ½작은술, 카레가루 ½작은술

고구마는 뜨거울 때
으깨면 잘 으깨져요.

1 새우 밑간하기 칵테일 새우를
해동해 밑간해 둔다.

2 고구마 · 요구르트 섞기 고구
마를 쪄서 플레인 요구르트를 넣
고 으깬다.

3 버섯 · 채소 썰기 표고버섯은
기둥을 떼어 저미고, 나머지 재
소는 썬다.

4 밥 · 달걀 섞어 굽기 현미밥과
달걀을 섞어 달군 팬에 얇게 펴
고 약한 불에 누룽지를 만들 듯
이 뒤집어 가며 굽는다.

5 소스 바르기 현미밥 도에 토마
토소스를 바른다.

6 토핑하기 소스 바른 도 위에
채소와 버섯, 밑간한 새우를 얹
는다.

7 고구마 두르기 가장자리에 으
깬 고구마를 조금 높게 두른다.

8 우유 · 달걀 뿌려 굽기 달걀흰
자와 무지방 우유를 거품기로 섞
어 뿌려 200℃의 오븐에 20분간
구운 뒤 파슬리가루를 뿌린다.

JJ의 쿠킹 리포트

현미밥으로 도를 만들면 간편할 뿐 아니라 영양과 칼로리를 모두 챙길 수 있어요. 굽는 정도는 누룽지와 밥의 중
간 정도가 알맞아요. 너무 바싹 구워 누룽지가 되면 딱딱해서 먹기 힘들고, 너무 무르면 힘을 받지 못해요. 가운데
는 부드럽고 가장자리는 바삭하게 굽는 게 포인트랍니다.
시판 토마토 소스를 쓸 경우에는 염분이 많기 때문에 홈메이드 소스의 반 정도만 넣는 게 좋아요. 치즈를 넣으려
면 저지방 치즈를 한 장 올리세요. 오븐이 없으면 팬에 굽거나 전자레인지를 이용해도 돼요. 토핑을 미리 볶아 구
운 도에 올리고 약한 불에서 뚜껑을 덮어 달걀이 익을 때까지만 익히세요.

볶음통밀파스타

Diet Point

칼로리 574kcal   단백질 45.4g
지방 6.4g   탄수화물 80.6g

• 통밀파스타를 사용해 GI를 낮춘다.
• 고단백, 저지방 닭가슴살로 근육 발달을 돕는다.
• 소스를 적게 쓴다.

1인분 통밀파스타 70g, 닭가슴살 1쪽, 표고버섯 1개, 양파 ⅓개, 껍질콩 4개, 마른 고추 1개, 마늘 5쪽, 데리야키소스 1½작은술, 파스타 삶은 물 1큰술, 맛술 1작은술, 소금 조금, 올리브오일 조금
닭가슴살 밑간 무지방 우유 ½컵, 허브소금 · 후춧가루 조금씩

큰 냄비에 물을 넉넉히 붓고 삶으세요.

1 닭가슴살 밑간하기 닭가슴살을 한 입 크기로 썰어 우유에 담가 누린내를 뺀 뒤, 허브소금과 후춧가루를 뿌려 둔다.

2 버섯 · 채소 썰기 표고버섯은 기둥을 떼어 저미고, 채소도 먹기 좋게 썬다. 마른 고추는 1cm 길이로 썬다.

3 파스타 삶기 끓는 물에 소금을 조금 넣고 파스타를 삶는다.

4 채소 · 버섯 볶기 팬에 올리브오일을 두르고 마늘과 양파를 볶다가 향이 나면 버섯과 껍질콩을 넣는다.

5 닭가슴살 넣기 채소가 익으면 닭가슴살과 맛술을 넣어 센 불에서 볶는다.

6 파스타 넣기 고기가 익으면 데리야키소스와 마른 고추, 파스타, 파스타 삶은 물을 넣어 볶는다.

JJ의 쿠킹 리포트

만들기 간단하고 지방이나 나트륨 걱정도 없는 다이어트 파스타로 야키소바와 비슷한 맛이 나요. 늦은 아침에 브런치로 먹으면 좋답니다.
레스토랑의 파스타는 나트륨, 지방, 탄수화물이 너무 많아요. 그나마 오일소스파스타가 가장 나은데 이것도 다이어트 중에 먹기에는 부담스럽지요. 볶음통밀파스타는 100% 통밀파스타를 사용해 GI가 낮고, 파스타 양은 ⅔ 정도로 적지만 그 대신 채소와 닭가슴살을 듬뿍 넣어 포만감이 높아요.

바나나로 단맛 내고 농도를 맞춰요

해물짜장밥

현미밥 ¼공기, 모둠 해물 1컵, 표고버섯 1개, 애호박 · 양파 ¼개씩, 감자(작은 것) ½개, 미니당근 4개, 양배추 잎 2장, 잘 익은 바나나 ½개, 달걀 1개, 춘장 1큰술, 파슬리가루 조금, 멸치국물(또는 물) 1컵

1 채소 썰기 표고버섯은 기둥을 떼어 저미고, 채소도 먹기 좋은 크기로 썬다.

2 버섯 · 채소 끓이기 우묵한 팬에 멸치국물과 버섯, 채소를 넣고 뚜껑을 덮어 약한 불로 끓인다.

3 춘장 넣기 채소의 숨이 어느 정도 죽으면 해물과 춘장을 넣고 센 불로 끓인다.

4 바나나로 농도 맞추기 당근이 익으면 바나나를 곱게 갈아 넣어 약한 불로 조린다.

5 밥 넣기 ④가 걸쭉해지면 현미밥을 넣고 약한 불에서 섞는다.

6 달걀프라이 얹기 해물짜장밥을 그릇에 담고 달걀을 프라이해 올린 뒤 파슬리가루를 뿌린다.

JJ의 쿠킹 리포트

중국음식점에서는 춘장을 기름에 볶다가 설탕을 듬뿍 넣어 짜장을 만들어요. 게다가 걸쭉하게 만들기 위해 녹말물까지 넣지요. 그러니 칼로리가 높을 수밖에 없어요. 잘 익은 바나나 하나만 있으면 설탕과 녹말물을 넣지 않고도 단맛과 농도가 해결돼요. 바나나는 까뭇까뭇 점이 생기기 시작할 때가 가장 달고 맛있답니다.
또 춘장을 조금만 넣어 나트륨을 줄이고, 기름에 볶는 대신 물을 부어 끓이면 느끼하지 않아 좋아요. 짜장밥이나 짜장면을 먹고 나면 늘 속이 좋지 않았는데, 이렇게 요리해 먹으니 뒤끝이 깔끔했어요.
짜장밥이 싫증 날 땐 밥 대신 통밀국수를 넣어 짜장면으로 즐기세요.

담백하게 끓여 지방과 염분을 줄여요

닭고기달걀덮밥

1인분 현미밥 ¼공기, 닭가슴살 1쪽, 표고버섯 1개, 양파 ¼개, 대파 ¼대, 달걀 2개(흰자 2개, 노른자 1개), 쯔유 2작은술, 멸치국물 1컵
닭가슴살 밑간 무지방 우유 ½컵, 허브소금 · 후춧가루 조금씩
쯔유 가쓰오부시가 들어가 달짝지근한 간장으로 우동, 소바 등 대부분의 일본요리에 쓰여요.

1 닭가슴살 밑간하기 닭가슴살을 한 입 크기로 썰어 우유에 담가 누린내를 뺀 뒤, 허브소금과 후춧가루를 뿌려 둔다.

2 버섯 · 채소 썰기 표고버섯은 기둥을 떼어 저미고, 양파는 채 썬다. 대파는 어슷하게 썬다.

3 국물 끓이기 우묵한 팬에 멸치국물과 쯔유를 끓이다가 끓기 시작하면 양파와 버섯을 넣는다.

4 닭가슴살 넣기 채소의 숨이 죽으면 닭가슴살을 넣고 중불에서 끓인다.

5 달걀 풀기 재료가 다 익으면 불을 세게 올린 뒤, 달걀에 대파를 넣고 풀어 줄알을 친다.

6 그릇에 담기 그릇에 현미밥을 담고 ⑤의 닭가슴살 소스를 붓는다.

JJ의 쿠킹 리포트

일본 음식인 오야코동을 만들어 봤어요. 자주 가는 돈부리 집에서 먹던 맛을 따라했는데 제법 비슷하네요. 오야코란 부모를 뜻하는 '오야(親)'와 자식을 뜻하는 '코(子)'가 합쳐진 말이에요. 부모인 닭과 자식인 달걀이 함께 들어간 덮밥이라 오야코동이랍니다. 단백질을 골고루 섭취할 수 있는 영양식이지요.
만들기도 쉬워서 쯔유만 있으면 재료를 바꿔 다양한 일본식 덮밥을 즐길 수 있어요. 특히 쇠고기, 참치 통조림, 훈제오리 등으로 만들면 맛있어요.

염분 적고 칼로리 낮은 정통 카레를 즐겨요

인도식 카레와 난

Diet Point

1인분 칼로리 528kcal   단백질 37.2g
지방 13.6g   탄수화물 65.0g

• 녹말 없는 인도 카레를 사용해 칼로리를 낮춘다.
• 닭가슴살을 사용해 지방을 줄인다.
• 통밀가루로 난을 만들어 GI를 낮춘다.

2인분 인도식 카레

닭가슴살 2쪽, 양파 2개, 감자 1개, 치킨 마살라(또는 인도 카레가루) 1큰술, 강황가루 1작은술, 고춧가루 2작은술, 플레인 요구르트 5큰술, 허브소금 조금, 올리브오일 조금

치킨 마살라 마살라는 인도요리에 빠지지 않는 혼합 향신료로, 치킨 마살라는 닭고기요리에 쓰는 마살라예요.

요구르트갈릭난

통밀가루 100g, 소금 2.5g, 이스트 2g, 무지방 우유 3큰술, 플레인 요구르트 1큰술, 미지근한 물 40mL

마늘소스 다진 마늘 1큰술, 올리브오일 1큰술, 파슬리가루 조금

JJ의 쿠킹 리포트

카레가 다이어트에 좋다고 하지만 시중에서 파는 카레는 칼로리가 높고 나트륨도 많이 들어 있어요. 반면 인도 카레는 녹말가루가 들어 있지 않아 물 없이 조리해도 타지 않고, 강황과 여러 향신료로 이루어져 있어 다이어트에 좋아요. 나트륨도 적지요.
카레와 난을 함께 준비할 때는 반죽을 발효시키는 동안 카레를 만들면 시간이 맞아요.
치킨 마살라와 강황가루는 이태원에 있는 포린 푸드 마트(foreign food mart 02-793-0082)나 골드리버(goldriver. mall.paran.com) 등의 온라인 쇼핑몰에서 살 수 있어요.

인도식 카레

1 재료 썰기 양파는 채 썰고 감자와 닭고기는 한 입 크기로 썬다.

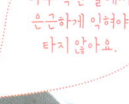

아주 약한 불에서 은근하게 익혀야 타지 않아요.

2 볶기 냄비에 올리브오일을 두르고 약한 불에 양파를 볶다가 치킨 마살라, 강황가루, 고춧가루를 섞고 뚜껑을 덮어 익힌다.

3 닭가슴살·요구르트 넣기 ③에 닭가슴살과 요구르트, 허브소금을 넣어 섞고 뚜껑을 덮어 익힌다.

4 감자 넣기 물기가 자작하게 생기면 감자를 넣는다. 중간 중간 뚜껑을 열고 저으면서 끓인다.

요구르트갈릭난

1 우유·요구르트 섞기 우유와 요구르트를 섞어 전자레인지에 30초 정도 데운 뒤 미지근하게 식힌다.

2 가루 재료 섞기 통밀가루를 체친 뒤 소금, 이스트를 넣고 소금과 이스트가 닿지 않게 섞은 뒤 한꺼번에 섞는다.

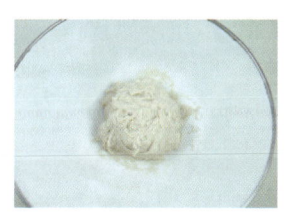

3 발효시키기 ①의 우유에 ②의 가루와 물을 넣고 반죽해 랩을 씌워 실온에서 1.5~2배로 부풀 때까지 발효시킨다.

4 휴지시키기 반죽을 두 덩이로 나눠 둥글린 뒤 랩을 씌워 15분간 휴지시킨다.

5 소스 발라 굽기 반죽을 얇게 늘리고 마늘 소스를 발라 200℃로 예열한 오븐에 10분간 굽는다.

소금 간 대신 풍부한 해물로 맛을 내요

토마토리소토

Diet Point

칼로리 390kcal   단백질 22.7g
지방 10.8g   탄수화물 44.9g

• 홈메이드 토마토소스로 염분과 당분을 줄인다.
• 해물과 채소로 포만감을 높인다.
• 해물로 맛을 내 소금 간을 줄인다.

1인분 현미밥 ¼공기, 모둠 해물 1컵, 그린홍합 3개, 껍질콩 4개, 새송이버섯 ⅓개, 토마토소스(P.26 참조) 1컵, 다진 마늘 ½작은술, 맛술 1작은술, 후춧가루·바질가루·파슬리가루 조금씩, 올리브오일 조금

1 홍합 씻기 그린홍합을 실온에서 해동해 깨끗이 씻는다.

2 채소 썰기 껍질콩은 반 자르고 새송이버섯은 작게 썬다.

3 마늘 볶기 올리브오일을 종이 타월에 묻혀 달군 팬에 바르고 중불에서 다진 마늘을 볶는다.

4 채소 넣기 마늘 향이 나면 껍질콩과 새송이버섯을 넣어 볶는다.

5 해물·맛술 넣기 ④에 모둠 해물과 맛술을 넣고 센 불로 알코올을 날린다.

6 소스·홍합 넣기 ⑤에 토마토소스와 물, 그린홍합을 넣어 끓인다.

7 밥 넣기 현미밥을 넣고 센 불로 자작하게 끓인 뒤 후춧가루, 바질가루, 파슬리가루를 뿌린다.

JJ의 쿠킹 리포트

해물을 넣은 토마토리소토는 별 다른 양념 없이도 진한 맛이 나고 단백질이 풍부하며 칼로리도 낮아요. 다이어터들에게 아주 좋은 메뉴지요. 밥을 조금만 넣어도 해물이 푸짐해 배가 부르고, 간을 하지 않아도 해물에서 배어나온 간이 있어 감칠맛이 나요. 현미밥도 굉장히 부드럽고요. 또 밥 대신 통밀 파스타를 넣으면 아주 맛있는 해물토마토소스파스타가 된답니다.

레시피를 개발할 때 쉽게 구할 수 있는 시판 소스를 최대한 이용하는 편인데, 토마토소스만큼은 직접 만들어 써요. 활용 범위가 넓어서 주말에 넉넉히 만들어 얼려 놓으면 다양한 요리를 간편하게 할 수 있어요.

들깨수제비

Diet Point

1인분 칼로리 551kcal   단백질 24.4g
지방 13.7g   탄수화물 81.5g

• 통밀가루를 사용해 GI를 낮춘다.
• 반죽에 소금을 넣지 않는다.
• 국간장을 적게 쓰고 해물과 멸치국물로
  맛을 낸다.

2인분 모둠 해물 1컵, 표고버섯 1개, 애호박 ¼개, 감자 ½개, 대파 ⅓대, 마른 고추 2개, 다진 마늘 조금, 국간장 ¼작은술, 들깨가루 3큰술, 멸치국물 4컵
반죽 통밀가루 200g, 물 70mL

전날 반죽해 냉장고에서 하룻밤 숙성시키면 더 차지고 맛있어요.

1 반죽하기 통밀가루와 물을 섞어 차지게 반죽한다.

2 버섯·채소 썰기 표고버섯은 기둥을 떼어 저미고, 애호박과 감자는 반달썰기 한다. 대파와 마른 고추는 어슷하게 썬다.

3 국물 끓이기 멸치국물에 애호박과 감자, 버섯을 넣어 끓인다.

4 해물 넣기 채소가 어느 정도 익으면 해물과 마른 고추를 넣고 센 불로 끓인다.

손에 물을 묻혀 가며 떼면 쉬워요.

5 반죽 떼어 넣기 ⑤에 반죽을 얇게 펴서 떼어 넣는다.

6 간 맞추기 한 번 끓어오르면 대파와 다진 마늘, 들깨가루를 넣고 국간장으로 간해 조금 더 끓인다.

JJ의 쿠킹 리포트

다이어트를 하다 보면 가끔 뜨끈한 국물이 그리울 때가 있어요. 특히 수제비는 평소 좋아하는 메뉴라서 참기가 괴로웠어요. 결국 통밀가루로 반죽하고 들깨로 맛을 낸 수제비를 만들어 먹었답니다.
들깨수제비는 진하고 아주 고소해서 간을 조금만 하거나 전혀 하지 않아도 싱거운 느낌이 없어요. 통밀가루는 GI가 낮아 몸에 천천히 흡수되기 때문에 다이어트의 적인 탄수화물이 지방으로 바뀌어 몸에 쌓이는 것을 줄일 수 있지요. 매운 맛을 싫어한다면 마른 고추를 넣지 마세요.

채소를 듬뿍 넣어 반죽해요
통밀오코노미야키

Diet point

1인분 칼로리 325kcal   단백질 21.4g
지방 13.9g   탄수화물 29.6g

· 통밀가루를 사용해 GI를 낮춘다.
· 건더기 위주로 반죽한다.
· 기름을 한 번만 바르고 굽는다.

2인분 통밀가루 60g, 모둠 해물 1컵, 양파 ¼개, 당근 ⅓개, 양배추 잎 2장, 대파 ⅙대, 게맛살(작은 것) 1개, 달걀 1개, 물 1큰술, 올리브오일 조금, 두부마요네즈(P.26 참조) 1큰술, 가쓰오부시(가다랑어포) 1큰술, 파슬리가루 조금
소스 바비큐소스 · 토마토케첩 ½작은술씩, 굴소스 ¼작은술

1 채소 썰기 양파, 당근, 양배추는 채 썰고 대파는 어슷하게 썬다.

2 밀가루 반죽하기 통밀가루, 달걀, 물을 섞는다.

3 반죽에 해물 · 채소 섞기 밀가루 반죽에 해물과 게맛살, 채소를 넣어 섞는다.

4 굽기 종이타월에 올리브오일을 묻혀 팬에 바른 뒤, 반죽을 올리고 뚜껑을 덮어 약한 불로 굽는다.

5 소스 바르기 어느 정도 익으면 뒤집고 소스를 발라 마저 굽는다.

6 두부마요네즈 · 가쓰오부시 뿌리기 오코노미야키를 그릇에 담고 두부마요네즈와 가쓰오부시, 파슬리가루를 뿌린다.

JJ의 쿠킹 리포트

부침개가 생각날 때는 해물과 양배추를 듬뿍 넣은 오코노미야키를 만들어 먹어요. 마트에서 모둠 해물을 팔기 때문에 만들기도 간편하답니다. 포인트는 건더기를 듬뿍 넣어 반죽하는 거예요. 통밀가루 반죽은 건더기가 엉길 정도만 있으면 충분해요. 부침가루나 밀가루 대신 100% 통밀가루를 쓰고 소금 간을 하지 않는 것도 다이어트 오코노미야키의 특징이에요.
부침은 보통 기름을 흡수하면서 칼로리가 높아지는데, 올리브오일을 팬에 조금 바르고 뚜껑을 덮어 오랫동안 익히면 기름을 많이 쓰지 않아도 돼요. 오븐이 있으면 오븐에 구우세요.

향신채소로 풍미 더하고 과일로 단맛 내요

마늘허브불닭

1인분 닭가슴살 1쪽, 느타리버섯 50g, 옥수수(통조림) 30g, 파슬리가루 조금
닭가슴살 밑간 무지방 우유 ½컵, 로즈메리 조금, 허브소금·후춧가루 조금씩
불닭소스 사과 ⅛개, 양파 ⅛개, 마늘 2쪽, 고춧가루 1작은술, 고추장 ½작은술,
토마토케첩·맛술·매실청 1작은술씩, 올리고당 ½작은술, 후춧가루 조금
마늘소스 호두·아몬드 3개씩, 다진 마늘 1½큰술, 올리브오일 ½작은술, 바질 5장, 파슬리가루 조금

1 닭가슴살 밑간해 굽기 닭가슴살을 한 입 크기로 썰어 우유에 담갔다가 밑간한 뒤, 190℃의 오븐에 10분간 굽는다.

2 불닭소스 만들기 불닭소스 재료를 모두 믹서에 넣고 간다.

3 마늘소스 만들기 호두와 아몬드를 믹서로 갈아 나머지 재료와 섞는다.

기호에 따라 마늘소스의 양을 줄여도 돼요.

4 소스에 버무리기 준비한 재료를 한데 담고 불닭소스와 마늘소스를 2큰술씩 넣어 골고루 버무린다.

5 굽기 소스에 버무린 닭가슴살을 오븐용 그릇에 담아 200℃로 예열한 오븐에 15분간 굽는다.

JJ의 쿠킹 리포트

불닭은 간이 세고 기름도 많아서 다이어트 중에는 피해야 해요. 마늘허브불닭은 간을 사 먹는 불닭의 ⅓ 수준으로 확 줄이고, 대신 마늘소스로 풍미를 더했어요. 사 먹는 불닭보다 훨씬 부드럽고 향기로운 불닭이 되었답니다.
허브는 생 허브를 써도 좋고 가루를 써도 좋아요. 빼도 되고요. 생 바질과 로즈메리는 하나로 마트나 온라인 쇼핑몰에서 살 수 있어요. 불닭소스를 만들 때 과일이 달면 올리고당을 넣지 않아도 돼요. 올리고당 대신 잘 익은 파인애플 등을 조금 넣어도 좋고요. 토마토케첩은 헌츠나 하인즈 제품이 첨가물이 비교적 적어요. 옥수수 통조림은 그린 자이언트 '오리지널'이 설탕이나 소금이 없어서 다이어트 기간 중에 먹기 좋아요.

찜통에 쪄서 염분을 빼고 채소를 곁들여요

훈제오리찜

훈제오리 ¼마리, 부추 ¼단, 양파 1개

1 양파 · 부추 썰기 양파는 채 썰고 부추는 5cm 길이로 썬다.

2 양파 깔기 찜통에 면 보자기를 깔고 양파를 펴 담는다.

3 훈제오리 올려 찌기 양파 위에 훈제오리를 올리고 뚜껑을 덮어 약한 불에서 10분간 찐다.

4 부추 넣어 찌기 훈제오리 위에 부추를 얹고 뚜껑을 덮어 5분간 더 찐다.

5 접시에 담기 접시에 양파와 부추를 담고 훈제오리를 올린다.

JJ의 쿠킹 리포트

오리고기는 지방이 수용성이라서 다이어트에 좋아요. 하지만 훈제오리는 조금 다르죠. 바로 먹을 수 있다는 장점 때문에 집에서 많이 먹지만 첨가물과 나트륨이 들어 있고 칼로리도 높답니다.

훈제오리를 쪄서 먹으면 굉장히 담백하고 염분도 어느 정도 빠져요. 구워서 먹을 때는 먹고 나서 항상 물을 찾았는데, 쪄서 먹고부터는 물을 찾는 일이 없어졌어요. 무엇보다 고기가 부드러워서 식어도 먹기 좋아요.

부추는 혈액순환을 도와 부종을 막기 때문에 고기요리와 함께 먹으면 좋아요. 저염 간장 ½작은술과 고춧가루, 매실청, 다진 마늘을 넣고 무친 미나리를 곁들이면 더 상큼하게 즐길 수 있어요.

돼지안심으로 기름 없이 만들어요

난자완스

Diet Point

칼로리 570kcal   단백질 29.2g
지방 21.2g   탄수화물 56.7g

• 지방이 적은 안심을 쓴다.
• 바나나로 단맛과 농도를 낸다.
• 기름을 쓰지 않는다.

1인분 표고버섯 1개, 청경채 2포기, 미니당근 5개, 양파 ½개, 물 1컵
완자 돼지고기(안심) 150g, 다진 파 1작은술, 달걀 1개, 통밀빵가루 2큰술
돼지고기 밑간 저염 간장 · 맛술 ½작은술씩, 다진 마늘 1작은술, 후춧가루 조금
소스 바나나 ⅓개, 저염 간장 · 레몬즙 ½작은술씩, 식초 · 올리고당 1작은술씩,
토마토케첩 2작은술, 물 2큰술

1 돼지고기 밑간하기 돼지고기를 다져서 밑간해 둔다.

2 완자 만들기 돼지고기에 완자 재료를 모두 넣고 주물러 반죽해 동글납작하게 빚는다.

3 완자 굽기 완자를 200℃로 예열한 오븐에 10분간 구운 뒤 뒤집어서 5분간 더 굽는다.

4 버섯 · 채소 썰기 표고버섯, 청경채, 미니당근, 양파를 한 입 크기로 썬다.

5 소스 만들기 바나나와 물을 믹서로 갈아 나머지 재료와 섞는다.

6 당근 · 양파 · 버섯 볶기 팬에 물을 붓고 미니당근, 양파, 표고버섯 순으로 넣어 볶는다.

7 청경채 · 소스 넣기 채소가 익으면 청경채와 소스를 넣어 볶는다.

8 완자 넣기 마지막에 완자를 넣어 섞는다.

JJ의 쿠킹 리포트

난자완스는 고기완자를 기름에 지져서 소스에 버무리는 요리예요. 중국요리가 그렇듯이 기름을 많이 쓰고 녹말가루와 설탕도 듬뿍 들어가지요. 다이어트에는 적이지만 입이 찾을 때는 도리가 없어요. 먹는 수밖에. 대신 소스의 양을 줄이고 기름을 쓰지 않아 저녁에도 부담 없이 먹을 수 있게 만들었어요. 소스가 적어 조금 아쉽긴 하지만 그 속에 들어 있는 당분을 생각하면 여기서 참아야지요. 토마토케첩을 저염 제품으로 쓰면 더 좋아요. 초록마을의 무첨가 저염 케첩이 괜찮은 것 같아요.

튀기지 않고 오븐에 구워요
쇠고기춘권과 부추무침

Diet Point

칼로리 310kcal　단백질 24.9g
지방 10.7g　탄수화물 28.9g

• 지방이 적은 안심이나 설도를 쓴다.
• 부추를 곁들여 혈액순환을 돕는다.
• 튀기지 않고 굽는다.

1인분춘권피 5장, 쇠고기(안심 또는 설도) 100g, 새송이버섯 1개, 당근 ¼개, 깻잎 10장, 물 조금
쇠고기 양념 저염 간장 1작은술, 맛술 · 올리고당 · 매실청 ½작은술씩, 다진 마늘 조금,
통깨 · 후춧가루 조금씩
부추무침 부추   단, 고춧가루 1작은술, 저염 간장 · 식초 ½작은술씩, 매실청 1작은술,
천연감미료(에리스리톨) ½작은술, 다진 마늘 조금, 통깨 조금

1 버섯 · 당근 썰기 새송이버섯
과 당근을 채 썬다.

2 쇠고기 양념하기 쇠고기를 채
썰어 양념에 잰다.

3 버섯 · 당근 · 고기 볶기 달군
팬에 물을 조금 붓고 새송이버섯
과 당근을 볶다가 쇠고기를 넣어
볶는다.

4 춘권피에 소 올리기 실온에서
해동한 춘권피에 깻잎 두 장을
얹고 ⅓ 지점에 ③의 소를 올
린다.

5 춘권 말기 춘권피를 접어 만
뒤 끝부분에 물을 묻혀 붙인다.

6 굽기 춘권피말이를 220℃로
예열한 오븐에 20분간 굽는다.

천연감미료가 없으면
올리고당을 넣으세요.

7 부추 무치기 부추를 5cm 길이
로 썰어 양념에 무친다.

8 접시에 담기 접시에 부추무침
을 담고 쇠고기춘권을 올린다.

JJ의 쿠킹 리포트

춘권은 원래 튀김이지만 오븐에 노릇하게 구우면 바삭하고 담백해요. 싱싱한 부추무침과도 잘 어울리고, 모양이
좋아서 도시락 메뉴로도 손색없지요.
춘권피를 빨리 녹이려면 전자레에서 30초 정도 해동하세요. 해동한 뒤 종이타월이나 면 보자기로 덮어 두면 마르
지 않고 쫀득함이 유지돼요. 소는 그날그날 냉장고에 있는 재료를 쓰고, 오븐이 없으면 프라이팬에 유산지를 깔
고 구우세요. 춘권피 안에 김과 실곤약을 잘게 썰어 넣고 말아 구우면 맛있는 김말이가 돼요. 닭가슴살채소볶음
(P.110 참조)에 곁들이면 마치 떡볶이국물에 김말이를 비벼 먹는 맛이랍니다.

실곤약을 넣어 칼로리를 낮춰요

안동찜닭

Diet Point

칼로리 575kcal   단백질 46.8g
지방 6.5g   탄수화물72.5g

• 당면 대신 실곤약을 넣어 칼로리를 낮춘다.
• 쯔유와 다이어트 콜라로 단맛과 색을 낸다.
• 간장을 적게 쓴다.

1인분 닭가슴살 1½쪽, 고구마(작은 것) 1개, 당근 ⅓개, 양파 ½개, 대파 ⅛대, 마른 고추 2개, 실곤약 200g, 통깨 조금, 멸치국물 1컵, 무지방 우유 ½컵
찜 양념 저염 간장 2작은술, 쯔유 · 맛술 · 매실청 1작은술씩, 다진 마늘 ½작은술, 후춧가루 조금, 다이어트 콜라 ½컵

1 찜 양념 만들기 찜 양념 재료를 고루 섞는다.

2 닭가슴살 양념하기 닭가슴살을 우유에 담가 누린내를 뺀 뒤 찜 양념 2큰술을 넣어 잰다.

3 채소 썰기 고구마와 당근은 납작하게 썰고 양파는 채 썬다. 대파와 마른 고추는 어슷하게 썬다.

4 실곤약 데치기 실곤약을 끓는 물에 식초를 넣고 살짝 데쳐 찬물에 헹군 뒤 물기를 꽉 짠다.

5 채소 · 닭가슴살 끓이기 냄비에 고구마, 당근, 마른 고추, 닭가슴살, 멸치국물 ½컵과 남은 찜 양념을 넣어 센 불로 끓인다.

6 멸치국물 마저 붓기 채소가 살짝 익으면 남은 멸치국물을 넣고 뚜껑을 덮어 약한 불로 끓인다.

7 양파 · 대파 넣기 국물이 자작해지면 양파와 대파를 넣고 뚜껑을 덮어 약한 불로 끓인다.

8 실곤약 넣기 파의 숨이 죽으면 실곤약을 넣고 센 불로 볶은 뒤 통깨를 뿌린다.

JJ의 쿠킹 리포트

사 먹는 찜닭은 나트륨과 당분이 많아서 마음 놓고 먹을 수가 없어요. 단맛과 색깔을 내기 위해 간장과 설탕, 캐러멜 색소 등이 엄청 들어가거든요. 다이어트 중에도 안심하고 먹을 수 있는 찜닭을 소개해요. 매콤하고 달달한 맛에 빠져 간혹 밥을 비벼 먹게 되는 폐해가 있었을 만큼 끝내 주는 베스트 메뉴랍니다.
쯔유와 콜라를 넣으면 설탕이나 올리고당을 전혀 넣지 않아도 충분히 달콤하고 색깔도 잘 나요. 콜라는 꼭 칼로리가 없는 다이어트 콜라를 쓰세요. 마른 고추 대신 청양고추를 넣어도 되고, 매운 맛이 싫으면 마른 고추를 빼세요.

현미밥과 채소를 넣어 포만감을 높여요

오징어순대

Diet Point

칼로리 565kcal   단백질 66.1g
지방 20.0g   탄수화물 26.6g

• 고단백, 저지방 오징어로 단백질을 보충한다.
• 당면 대신 현미밥을 넣어 포만감을 높인다.
• 두부마요네즈를 사용해 지방을 줄인다.

1인분 오징어(작은 것) 5마리, 현미밥 ¼공기, 새송이버섯 ⅓개, 붉은 피망 ⅛개, 실파 1뿌리, 통밀가루 조금
소 양념 달걀 1개, 맛술 ½작은술, 참기름 ¼작은술, 통깨·후춧가루 조금씩
소스 미소(일본된장) ½작은술, 두부마요네즈(P.26 참조) 1큰술

소금을 묻히고
껍질을 벗기면
잘 벗겨져요.

1 오징어 손질하기 오징어는 다리를 몸통에서 빼서 내장을 잘라낸 뒤, 껍질을 벗기고 깨끗이 씻는다.

2 소 만들기 오징어 다리와 새송이버섯, 채소를 잘게 썰어 현미밥, 소 양념과 함께 섞는다.

3 소 넣기 오징어 몸통 속에 통밀가루를 살짝 뿌리고 털어 낸 뒤, ②의 소를 넣고 이쑤시개로 고정한다.

4 소스 만들기 미소와 두부마요네즈를 고루 섞는다.

5 소스 발라 굽기 오징어에 소스를 바르고 이쑤시개로 구멍을 내어 200℃로 예열한 오븐에 25~30분간 굽는다.

JJ의 쿠킹 리포트

오징어다리와 현미밥을 섞어 넣은 오징어순대는 쫄깃하게 씹히는 맛이 좋고 배도 불러 다이어트식으로 그만이에요. 당면을 꽉 채운 오징어순대와는 비교할 수 없지요.
좀 더 색다르게 즐기고 싶을 때는 소 양념에 카레가루를 조금 넣어 보세요. 카레의 향과 오징어가 아주 잘 어울려요. 또 소스에 고추장을 넣어도 맛있어요. 단 고추장은 나트륨의 함량이 높기 때문에 자주 먹지는 말고 가끔 별식으로 즐기는 게 좋아요.
오븐이 없으면 팬에 유산지를 깔고 뚜껑을 덮어 약한 불로 굽거나 찜통에 20분간 찌세요.

뭔가 먹고 싶을때 간식

다이어터에게 간식은 위험 요소다. 사 먹는 간식의 대부분이
칼로리가 높을 뿐 아니라 몸에 좋지 않은 포화지방산과 설탕,
나트륨 등이 듬뿍 들어 있기 때문이다. 재료와 조리법을
바꿔 재탄생한 다이어트 간식을 소개한다. 시판 간식 못지
않은 맛에 반할 것이다.

저칼로리 홈메이드 치즈로 만들어요

코티지치즈케이크

크러스트 통밀시리얼 2½컵, 무지방 우유 60mL, 올리브오일 1큰술
필링 코티지크림치즈 (P.27 참조) 120g, 달걀 1개, 아가베 시럽 1큰술, 레몬즙 ¼작은술

1 크러스트 반죽하기 통밀시리얼을 믹서로 곱게 갈아 무지방 우유, 올리브오일과 고루 섞는다.

2 크러스트 굳히기 오븐용 그릇에 올리브오일을 바르고 간 시리얼을 펴 담아 냉장고에서 30분~1시간 굳힌다.

3 필링 만들기 크림치즈에 아가베 시럽과 레몬즙을 넣어 섞은 뒤 달걀을 넣고 거품기로 섞는다.

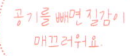

공기를 빼면 질감이 매끄러워요.

4 크러스트에 필링 붓기 크러스트에 필링을 붓고 바닥에 탁탁 쳐서 공기를 뺀다.

2 굽기 170℃로 예열한 오븐에 30~40분 구워 식힌다.

JJ의 쿠킹 리포트

달콤하고 부드러운 치즈케이크는 정말 거부하기 어려운 악마예요. 시판 크림치즈 대신 코티지치즈로 크림치즈를 만들면 칼로리 부담 없이 즐길 수 있어요. 코티지치즈는 단백질은 많고 지방은 적어 다이어트 치즈로 이름났거든요. 크러스트는 통밀식빵으로 만들어도 돼요. 또 통밀브라우니(P.162 참조) 레시피를 이용하면 초코치즈케이크가 된답니다.

생크림을 넣지 않아 칼로리 걱정이 없어요

두부티라미수

2인분 통밀식빵(P.25 참조) 2장, 생식용 두부 170g, 무지방 우유 ¾컵, 아가베 시럽 1큰술, 레몬즙 2작은술, 한천가루 ½작은술, 무가당 코코아가루 1작은술
커피 시럽 인스턴트 커피가루 ½작은술, 깔루아 1작은술, 뜨거운 물 2작은술

1 통밀식빵 자르기 통밀식빵을 사용할 틀의 크기로 2개, 그보다 작게 2개를 자른다.

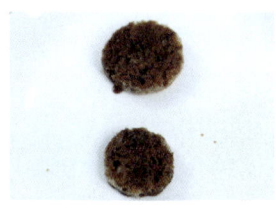

2 시럽 뿌리기 커피 시럽 재료를 섞어 식빵에 골고루 뿌린다.

3 우유에 한천가루 녹이기 무지 방 우유에 한천가루를 넣고 약한 불에서 저어 가며 녹인다.

4 우유·두부 섞기 ③의 우유와 두부, 아가베 시럽, 레몬즙을 믹 서로 곱게 간다.

무스 틀 대신 작은 그릇에 담아도 돼요.

5 틀에 담기 무스 틀에 큰 식빵 을 넣고 ④의 무스를 ⅓ 높이까 지 부은 뒤 작은 식빵을 얹고 무 스를 가득 붓는다.

6 코코아가루 뿌려 굳히기 ⑤의 무스에 코코아가루를 뿌려 냉장 고에서 차게 굳힌다.

JJ의 쿠킹 리포트

티라미수는 '끌어올리다'라는 뜻의 '티라레(tirare)'와 '나를'이라는 뜻의 '미(mi)', '위로'라는 뜻의 '수(su)'가 합쳐진 이탈리아어라고 해요. '나를 위로해서 끌어올리다' 즉 '나를 행복하게 한다'는 멋진 의미를 가진 케이크랍니다. 하지만 불행히도 다이어터에게는 도움이 되지 않아요. 두부티라미수는 티라미수를 다이어트식으로 바꾼 메뉴예 요. 생크림 대신 두부를 넣어 영양은 올리고 칼로리는 확 내렸지요. 티라미수보다 단맛이 2% 부족하긴 하지만 조 금만 더 달콤하면 티라미수와 똑같겠다는 평을 들었을 만큼 부드럽고 맛있답니다.

초콜릿과 버터를 넣지 않아요

통밀브라우니

Diet Point

1인분 칼로리 165kcal　단백질 5.5g
지방 7.9g　탄수화물 18.8g

• 통밀가루를 사용해 GI를 낮춘다.
• 초콜릿 대신 무가당 코코아가루를 넣는다.
• 설탕 대신 아가베 시럽을 넣는다.
• 버터 대신 식물성 기름을 넣는다.

4인분 통밀가루 80g, 무가당 코코아가루 7g, 인스턴트 커피가루 6g, 소금 1.25g, 베이킹파우더 2g, 달걀 1개, 아가베 시럽 40mL, 카놀라유 20mL, 바닐라오일 2방울, 산딸기 ¼컵
커피 요구르트 플레인 요구르트 75g, 인스턴트 커피가루 3g, 깔루아 ½큰술
깔루아 커피 맛이 나는 리큐르예요.

1 시럽 · 카놀라유 섞기 아가베 시럽과 카놀라유를 섞는다.

2 달걀 넣기 ①의 시럽에 달걀을 한 개씩 넣으면서 거품기로 잘 섞는다.

3 커피 요구르트 · 바닐라 오일 넣기 커피 요구르트를 만들어 ②에 넣고 섞은 뒤 바닐라오일을 넣는다.

4 가루 재료 섞기 가루 재료를 모두 고운체에 쳐서 ③에 넣고 날가루가 보이지 않을 정도로 섞는다.

5 산딸기 넣기 ④의 반죽에 산딸기를 넣어 섞는다.

중간 중간 상태를 확인하면서 구우세요.

6 굽기 전자레인지용 그릇에 유산지를 깔고 반죽을 부어 전자레인지에서 10분간 굽는다.

JJ의 쿠킹 리포트

초콜릿이 들어가지 않으면서도 진한 초콜릿 맛을 느낄 수 있는 다이어트 브라우니예요. 무가당 코코아가루로 맛은 살리면서 칼로리는 낮췄지요. 커피 향까지 어우러져 진짜 브라우니 못지않답니다.
플레인 요구르트를 살 때는 꼭 포화지방 함량을 확인하세요. 100g당 7g을 넘지 않는 것을 골라야 다이어트에 도움이 돼요. 바닐라오일이나 깔루아는 없으면 넣지 않아도 되니까 걱정하지 마시고요. 아가베 시럽의 양을 조절하면 쌉쌀하거나 혹은 달콤한 브라우니를 즐길 수 있어요.

통밀가루와 식물성 기름으로 만들어요

블루베리요구르트타르트

Diet
Point

1인분 칼로리 288kcal   단백질 9.0g
지방 4.8g   탄수화물 53.5g

• 통밀가루를 사용해 GI를 낮춘다.
• 식물성 기름을 사용해 포화지방산을 줄인다.
• 바나나로 농도를 맞춘다.

4인분 **크러스트** 통밀가루 160g, 소금 1.25g, 카놀라유 2큰술, 얼음물 3큰술
필링 플레인 요구르트 300g, 무지방 우유 60mL, 한천가루 2.5g
블루베리 시럽 블루베리 1컵, 바나나 ½개, 올리고당 1큰술, 레몬즙 2작은술, 물 2큰술

1 요구르트 물기 빼기 플레인 요구르트를 면 보자기에 받쳐서 하룻밤 냉장고에 넣어 두어 물기를 뺀다.

2 통밀가루·카놀라유 섞기 통밀가루와 소금을 체에 친 뒤 카놀라유를 넣고 손으로 부슬부슬하게 섞는다.

3 반죽해 휴지시키기 ②의 가루에 얼음물을 넣고 반죽해 비닐봉지에 담아 냉장고에서 30분간 휴지시킨다.

바닥을 포크로 콕콕 찔러서 구워야 부풀지 않아요.

4 밀대로 밀어 굽기 반죽을 밀대로 밀어 올리브오일을 바른 오븐용 그릇에 펴 담고 200℃로 예열한 오븐에 15분간 굽는다.

5 시럽 만들기 블루베리와 물, 올리고당, 레몬즙을 약한 불에서 끓이다가 바나나를 갈아 넣고 저으면서 끓인다.

6 필링 만들기 무지방 우유에 한천가루를 넣고 약한 불에 저으면서 녹인 뒤 ①의 요구르트를 섞는다.

냉장고에 넣어 차게 해서 먹으면 더 맛있어요.

7 크러스트에 필링·시럽 붓기 구운 크러스트에 필링과 블루베리 시럽을 붓는다.

JJ의 쿠킹 리포트

버터 대신 식물성 기름을 넣고 녹말가루 대신 바나나로 농도를 내 칼로리를 낮춘 타르트예요. 요구르트도 저지방 요구르트인 '퓨어 제로팻'을 썼는데, 포화지방산은 적지만 당분이 많은 편이어서 필링에 시럽을 넣지 않았어요. 대신 블루베리 시럽에 올리고당을 넣어 달콤함을 더했지요. 한천가루 녹이는 과정이 번거로우면 크러스트에 요구르트만 담아 냉장고에서 살짝 굳혀도 좋아요. 물기가 빠진 요구르트라서 한천가루 없이도 모양이 웬만큼 잡힌답니다. 오븐이 없으면 코티지치즈케이크(P.58 참조)처럼 통밀시리얼로 크러스트를 만들어도 돼요.

버터가 들어간 크러스트를 쓰지 않아요
춘권피사과파이

Diet Point

1인분 칼로리 216kcal　단백질 3.1g
지방 3.3g　탄수화물 45.5g

• 크러스트 대신 춘권피를 쓴다.
• 설탕 대신 올리고당을 넣는다.
• 바나나로 농도를 맞춘다.

2인분 춘권피 12장, 사과 1¼개, 바나나 ½개, 계핏가루 2g, 달걀물 조금
시럽 올리고당 1½큰술, 물 ½컵

1 춘권피 준비하기 춘권피를 해동해 3장씩 겹쳐 떼어 놓고 반으로 자른다.

2 사과 썰어 시럽에 담그기 사과를 잘게 썰어 물과 올리고당을 섞은 시럽에 담가 둔다.

3 바나나 갈기 바나나를 믹서로 곱게 간다.

4 사과 조리기 ②의 사과에 계핏가루를 넣고 끓이다가 끓기 시작하면 간 바나나를 넣고 약한 불에 걸쭉하게 조린다.

5 춘권피에 소 넣기 춘권피에 조린 사과를 올리고 가장자리에 물을 충분히 바른 뒤, 춘권피로 덮어 꼭꼭 눌러 붙인다.

6 달걀물 발라 굽기 ⑤의 춘권에 달걀물을 바르고 윗면에 칼집을 내어 200℃로 예열한 오븐에 15분간 굽는다.

JJ의 쿠킹 리포트

고등학교 때 수업 끝나고 학원에 가면서 맥도날드에 들러 애플파이 한 개씩 사 먹곤 했어요. 지금도 가끔 먹고 싶을 땐 춘권피로 만들어 먹어요. 춘권피를 쓰면 간편하기도 하고 버터가 들어간 크러스트보다 칼로리가 훨씬 낮으니 일석이조지요. 세 장씩 겹쳐서 쓰면 파이 같은 질감이 난답니다.
사과를 조릴 때 설탕 대신 바나나를 넣으면 단맛도 나고 농도도 알맞게 돼요. 사과 대신 고구마로 소를 만들면 달콤한 고구마 파이도 즐길 수 있어요. 춘권피에 소를 넣고 맞붙일 때 잘 붙지 않을 수도 있는데 달걀물을 발라 구우면 단단하게 붙으니까 걱정 마세요.

부기를 빼 하체비만을 막아요

단호박양갱

Diet
Point

1인분 칼로리 151kcal   단백질 9.6g
지방 4.1g   탄수화물 20.8g

• 단호박을 통째로 넣어 당분을 줄인다.
• 단호박과 검은콩으로 부기와 염분을 뺀다.
• 설탕 대신 올리고당을 넣는다.

단호박 ⅓개, 찐 검은콩 1컵, 올리고당 2큰술, 한천가루 4작은술, 물 2컵

1 단호박 익히기 단호박은 껍질을 벗기고 랩을 씌워 전자레인지에 3분간 익힌다.

2 한천가루 녹이기 물을 끓여 한천가루를 넣고 약한 불로 저어가며 녹인다.

3 단호박 으깨어 끓이기 익힌 단호박을 곱게 으깨서 녹인 한천물에 넣고 약한 불에서 저어가며 뭉근하게 끓인다.

4 검은콩 · 올리고당 넣기 한소끔 끓으면 찐 검은콩과 올리고당을 넣고 10분 정도 더 끓인다.

5 굳히기 밀폐용기나 틀에 부어 단단하게 굳힌다.

JJ의 쿠킹 리포트

시중에서 파는 양갱에는 설탕이 굉장히 많이 들어 있어요. 설탕의 양을 줄이고 검은콩을 넣은 단호박양갱은 적당히 달콤하고 영양도 풍부해서 냉장고에 넣어 두고 한 개씩 꺼내 먹으면 좋답니다. 단호박은 부기를 빼고 검은콩은 칼륨이 풍부해 나트륨을 배출하기 때문에 하체비만을 막는 데 도움이 되지요.
단호박을 전자레인지나 찜통에서 익힌 다음 볶은 견과와 꿀을 넣고 버무려도 아주 맛있어요.

현미찹쌀로 만들어 GI를 낮춰요

영양약밥

불린 현미찹쌀 3컵, 불린 검은콩 ¼컵, 밤 14개, 대추 20개, 잣 1½큰술, 간장 · 올리고당 1큰술씩, 계핏가루 ½작은술, 참기름 1작은술, 물 3½컵

1 밤 · 대추 준비하기 밤은 껍질을 벗기고 대추는 돌려 깎아 채 썬다.

2 대추씨 끓이기 냄비에 물을 붓고 대추씨를 넣어 끓인다.

3 양념 만들기 물이 끓어오르면 간장, 올리고당, 계핏가루를 넣고 5분 정도 더 끓여 체에 거른다.

4 밥 짓기 밥통에 불린 현미찹쌀과 검은콩, 밤, 대추, 잣을 담고 ③의 양념을 넣어 밥을 짓는다.

5 참기름 섞기 밥이 다 되면 참기름을 넣고 주걱으로 골고루 섞은 뒤 틀에 담아 식힌다.

JJ의 쿠킹 리포트

쫀득하고 달콤해 자꾸 손이 가는 간식이에요. 현미찹쌀을 쓰고 올리고당과 계핏가루로 맛을 내 GI와 칼로리를 낮췄어요. 검은콩을 넣어 단백질도 보충했지요. 넉넉하게 만들어 한 번 먹을 만큼씩 랩으로 싸서 냉동실에 넣어 두고 꺼내 먹으면 간편해요.
현미와 검은콩은 6시간 정도 불리면 알맞아요. 대추가 말랑말랑할 경우에는 처음부터 함께 안치지 말고 밥이 다 된 뒤에 넣고 섞어야 모양이 망가지지 않아요. 올리고당 대신 아가베 시럽을 넣으면 맛이 더 좋아요.

바나나떡

2인분 바나나 2개, 찹쌀가루 2작은술, 녹말가루 2작은술
토핑 피칸 2개, 아몬드 슬라이스 1작은술, 통밀시리얼 · 건포도 조금씩

바나나를 데우면 더 잘 엉겨요.

1 바나나 썰기 바나나를 동글게 썬다.

2 바나나 으깨기 바나나를 전자레인지에 1분간 데운 뒤 으깬다.

3 반죽하기 으깬 바나나에 찹쌀가루와 녹말가루를 넣는다.

코팅 팬을 써야 눌어붙지 않아요. 코팅 팬이 아니면 올리브오일을 바르세요.

4 지지기 팬에 반죽을 한 숟가락씩 떠 넣어 노릇하게 지진다.

5 토핑 올리기 바나나떡을 접시에 담고 견과와 통밀시리얼을 뿌린다.

JJ의 쿠킹 리포트

블로그에서 레시피 요청을 가장 많이 받은 음식이 다이어트 떡이에요. 쫀득한 맛을 잊지 못해 고민하는 다이어터가 많기 때문이지요. 그럴 때마다 바나나떡을 권해요. 바나나는 달고 잘 엉기기 때문에 설탕을 넣을 필요도 없고 찹쌀가루와 녹말가루도 조금만 넣으면 돼 칼로리 부담이 없어요.

오래 익히면 GI가 높아지니까 재빨리 지져 내고, 견과를 더해 맛과 영양을 보충하면 좋아요. 팬에 지져서 바로 먹어도 맛있지만 냉장고에 잠시 넣어 차게 해서 먹으면 더 맛있어요. 특히 여름에 바나나떡을 만들어 냉동실에 넣어두면 두고두고 달고 시원한 간식거리가 된답니다.

밀가루, 설탕, 버터를 넣지 않아요

현미쿠키

4인분 불린 현미 1컵, 대추 18개, 견과(아몬드 · 피칸 · 캐슈너트) ½컵, 말린 크랜베리 15g

1 현미 갈기 5시간 이상 푹 불린 현미를 곱게 간다.

2 대추 · 견과 갈기 대추를 돌려 깎아 씨를 뺀 뒤 견과와 함께 믹서로 곱게 간다.

3 재료 섞기 간 현미, 간 대추와 견과, 말린 크랜베리를 고루 섞는다.

4 밀대로 밀기 비닐을 깔고 반죽을 올린 뒤 다시 비닐로 덮는다. 밀대로 살살 3mm 두께로 민다.

5 모양 틀로 찍기 모양 틀로 반죽을 찍어 낸다.

6 굽기 팬을 약한 불로 달군 뒤 반죽을 넣고 뚜껑을 덮어 10~15분간 앞뒤로 노릇하게 굽는다.

JJ의 쿠킹 리포트

설탕이나 시럽이 전혀 들어가지 않았지만 현미를 갈면 단맛이 나는 데다 대추의 단맛까지 더해져 생각보다 달콤해요. 통밀쿠키가 시럽이나 꿀을 넣어야 맛이 나는 것과는 다르지요. 견과는 음식 맛을 내기도 좋고 필수지방산인 오메가 3도 풍부해 다이어트에 도움을 줘요. 현미는 곱게 갈수록 소화흡수가 빨라지기 때문에 너무 곱게 가는 것보다 알갱이가 어느 정도 있는 것이 씹는 맛도 있고 다이어트에도 좋아요.
굽지 않고 그냥 먹으면 생식쿠키가 돼요. 생식으로 먹으면 더 달콤하고 촉촉하답니다. 입맛에 맞게 즐기세요.

올리고당과 아가베 시럽으로 GI를 낮춰요

시리얼바

Diet Point

1인분 칼로리 306kcal   단백질 5.8g
지방 24.2g   탄수화물 20.1g

• 설탕, 물엿 대신 올리고당과 아가베 시럽을
  넣는다.
• 버터 대신 올리브오일을 넣는다.
• 견과로 포만감을 높인다.

호두 · 피칸 · 아몬드 · 캐슈너트 ¼컵씩, 해바라기 씨 2큰술, 뮤즐리 · 통밀시리얼 ¼컵씩
시럽 꿀(혹은 조청) ½컵, 아가베 시럽 1큰술, 올리브오일 4작은술
뮤즐리 곡식, 견과, 말린 과일 등을 섞은 것으로 일반 시리얼보다 가공을 덜 해 달지 않고 영양이 많아요.

1 견과 · 씨 볶기 견과와 해바라기 씨를 중불에서 살짝 볶는다.

2 시럽 만들기 시럽의 재료를 섞어 끓인다.

3 볶기 볶은 견과와 해바라기 씨, 뮤즐리, 시리얼을 시럽에 넣고 중불로 꾸덕꾸덕하게 볶는다.

4 시리얼 담기 평평한 그릇에 유산지를 깔고 볶은 시리얼을 펴 담는다.

5 굳히기 시리얼에 유산지를 덮고 꾹꾹 눌러 냉장고에서 3시간 이상 굳힌다.

JJ의 쿠킹 리포트

다이어트하면서 가장 조심해야 할 것이 배고픔이에요. 아무리 식탐이 없다고 해도 배가 고프면 과식하게 되고 음식도 가리지 않게 되거든요. 항상 배고프지 않게 유지하는 것이 중요해요.
견과와 뮤즐리를 듬뿍 넣은 시리얼바는 먹기 간편하고 포만감이 좋을 뿐 아니라 불포화지방산도 풍부해 다이어터에게 좋은 간식이에요. 한 조각이면 급한 공복감을 달랠 수 있지요. 지나치게 달지도 않고 칼로리 부담도 없어 가지고 다니면서 비상시에 먹으면 참 좋답니다.
물엿을 빼고 시럽도 많이 넣지 않아 잘 뭉쳐지지 않을 수 있으니 최대한 빈공간이 없도록 꾹꾹 눌러 굳히세요.

현미밥으로 만들어요

누룽지스낵

Diet Point

1인분 칼로리 153kcal 단백질 4.5g
지방 2.4g   탄수화물 27.7g

• 현미밥으로 만들어 GI를 낮춘다.
• 설탕 대신 올리고당을 넣는다.
• 튀기지 않고 굽는다.

4인분 현미밥 1공기, 달걀 1개, 올리고당
1큰술, 미숫가루 1큰술

1 밥·달걀 섞기 따뜻한 현미밥
에 달걀을 섞는다.

2 누룽지 만들기 ①의 밥을 팬에
펴 담아 약한 불로 굽는다.

3 양념해 굽기 누룽지에 올리고
당을 바르고 미숫가루를 솔솔 뿌
려 180℃로 예열한 오븐에 20분
간 굽는다.

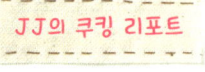

JJ의 쿠킹 리포트

출출함을 달래기에는 누룽지만한 게 없는 것 같아요. 현미밥으로 만들어 오븐에 구우면 GI와 칼로리가 낮아 부담
도 없지요. 올리고당 대신 꿀을 조금 발라도 좋고, 미숫가루 대신 콩가루를 뿌려도 맛있어요.
오븐이 없으면 프라이팬에 다시 한 번 구우세요. 참, 찬밥으로 만들 때는 전자레인지에서 따뜻하게 데워서 쓰는
게 좋아요.

염분을 줄이고 사과로 단맛 내요

닭가슴살육포

2인분) 닭가슴살 2쪽, 저염 간장 1½작은술, 데리야키소스 1작은술, 맛술·매실청 ½작은술씩, 간 사과 1작은술, 다진 마늘 ¾작은술, 물 1큰술

1 양념 만들기 양념 재료를 모두 섞는다.

2 닭가슴살 저미기 닭가슴살을 얇게 저민다.

3 양념해 굽기 닭가슴살을 양념에 재서 100℃로 예열한 오븐에 1시간 15분간 구워 식힌다.

JJ의 쿠킹 리포트

육포 같은 단백질 간식은 다이어트 중 근육을 유지하는 데 도움이 돼요. 하지만 시중에서 파는 육포는 포화지방산과 나트륨이 많아서 좋지 않아요. 최고의 다이어트 식품인 닭가슴살로 간단히 만들 수 있으니 집에서 만들어 드세요. 오븐에 구우면 훈제한 것처럼 부드럽고, 건조기에서 꾸덕꾸덕하게 말리면 쫄깃쫄깃해요. 매콤한 맛을 좋아하면 양념에 청양고추를 갈아 넣으세요. 그냥 먹어도 맛있고, 샐러드나 수프에 베이컨 대신 다져 넣어도 좋아요.

설탕과 초콜릿을 넣지 않아요

초코바나나스무디

Diet Point

칼로리 145kcal 단백질 4.0g
지방 0.5g 탄수화물 37.2g

• 설탕 대신 바나나로 단맛을 낸다.
• 무지방 우유를 쓴다.
• 초콜릿 대신 무가당 코코아가루를 넣는다.

1인분 얼린 바나나 1개, 무가당 코코아 가루 1작은술, 무지방 우유 ¼컵

1 바나나 썰기 바나나를 적당히 썬다.

2 갈기 재료를 믹서에 모두 넣고 곱게 간다.

JJ의 쿠킹 리포트

레시피라고 하기에 민망할 만큼 간단하지만 그래서 더 소개하고 싶은 간식이에요. 만들기 쉬울 뿐 아니라 바나나가 달아서 설탕을 넣지 않아도 되어 칼로리가 낮으면서 맛은 손색이 없답니다. 냉동실에 넣어 두었다가 먹으면 아이스크림처럼 진득하게 굳어서 더 맛있어요.

고구마와 양배추로 영양을 보충해요

사과고구마스무디

1인분 사과 ¼개, 바나나 ⅓개, 삶은 고구마 30g, 양배추 40g, 무지방 우유 ½컵

1 재료 썰기 사과, 바나나, 고구마, 양배추를 적당히 썬다.

2 갈기 믹서에 재료를 모두 넣고 곱게 간다.

JJ의 쿠킹 리포트

고구마를 넣어 포만감이 좋고 식이섬유도 풍부한 스무디예요. 바나나는 얼려서 쓰는 게 훨씬 쫀쫀한 질감을 나요. 사온지 오래 되어서 거뭇거뭇하고 물러지기 시작하는 바나나를 냉동실에 넣어 두었다가 스무디를 만들면 위기의 바나나도 활용하고 맛있는 간식도 생긴답니다.

단팥 대신 과일로 맛을 내요

딸기빙수

1인분 얼린 딸기 150g, 무지방 우유 1½컵, 천연감미료(에리스리톨) 5g, 꿀 1작은술
아이스크림 바나나 ½개, 플레인 요구르트 1통(85g), 무지방 우유 ¼컵

1 아이스크림 재료 섞기 아이스크림 재료를 믹서로 곱게 간다.

2 아이스크림 얼리기 ①을 밀폐용기에 담아 얼린다. 1시간마다 포크로 긁어 다시 얼리기를 2~3번 한다.

3 얼음 얼리기 우유와 천연감미료를 잘 섞어 얼음기에 담아 얼린다.

4 얼음 갈기 ③의 얼음을 빙수기로 곱게 간다.

5 토핑 올리기 딸기를 빙수기로 갈아 ③에 얹고 아이스크림과 꿀을 올린다.

JJ의 쿠킹 리포트

무지방 우유를 써서 칼로리 부담이 덜 하고 단팥이나 연유가 필요 없을 만큼 부드러운 빙수예요. 딸기 대신 블루베리와 미숫가루를 넣어도 좋고, 통밀와플(P.62 참조)과 함께 먹으면 더 맛있어요. 딸기빙수에 곁들이는 통밀와플을 만들 때는 레시피에서 시럽을 빼고 만들어도 좋아요.
'에리스리톨'은 칼로리가 0에 가깝고 GI도 굉장히 낮아서 다이어트 요리에 요긴하게 쓰여요. 단 뜨거운 음식과는 궁합이 좋지 않다는 점 기억하세요. 가열하면 단맛이 확 줄면서 오히려 씁쓸한 맛이 나요. 또 너무 많이 먹으면 화장실을 들락날락거리는 불상사가 생길 수도 있답니다. 꼭 차가운 음식에만 조금 넣으세요.

생크림과 설탕을 넣지 않아 가벼워요

미숫가루아이스크림

칼로리 245kcal   단백질 15.6g
지방 7.7g   탄수화물 28.3g

• 현미미숫가루를 사용해 GI를 낮춘다.
• 생크림을 넣지 않는다.
• 설탕 대신 아가베 시럽을 넣는다.

1인분 달걀 1개, 무지방 우유 ½컵, 두부 40g, 아가베 시럽 2작은술, 통밀가루 1작은술, 현미미숫가루 1큰술, 과일 조금

1 달걀·우유·통밀가루 섞기
달걀, 우유, 아가베 시럽, 통밀가루를 한데 담아 전자레인지에서 1분 30초간 익혀 섞는다.

2 커스터드 만들기 ①의 반죽에 다시 랩을 씌워 전자레인지에서 1분간 더 익혀 식힌다.

3 두부·미숫가루와 섞어 갈기
②의 커스터드와 두부, 미숫가루를 섞어 믹서로 곱게 간다.

과일을 곁들여
먹으면 더 맛있어요.

4 얼리기 아이스크림 반죽을 그릇에 담아 얼린다. 2시간마다 포크로 긁어 다시 얼리기를 3~4번 한다.

5 과일 올리기 바나나 등의 과일을 아이스크림에 올린다.

JJ의 쿠킹 리포트

사 먹는 아이스크림은 포화지방산이 많고 GI가 높아 지방 축적을 부추겨요. 그래서 아이스크림을 비만 칵테일이라고 부르기도 하지요. 미숫가루아이스크림은 무지방 우유로 만든 착한 아이스크림이에요. 커스터드를 만들어 넣어 굉장히 부드럽고, 달걀과 두부가 들어가서 생크림을 넣은 아이스크림 못지않게 묵직해요. 시럽 대신 인공감미료를 사용해도 좋고 바나나를 갈아 넣어도 맛있어요.
홈메이드 아이스크림은 첨가물이 들어가지 않아서 얼리는 시간도 오래 걸리고 녹기도 빨리 녹는 단점이 있지만 맛과 영양은 비교할 수 없답니다.

곁들여 먹으면 좋아요

저염 다이어트 반찬

주 요리와 달리 반찬은 소홀하기 쉽지요. 다이어트 중이라면 무심코 넘기지 마세요.
맛있고 살찔 걱정 없는 반찬 몇 가지를 소개해요.
곁들여 먹으면 식사시간이 더 즐거워져요.

모듬나물

무나물

1인분 칼로리 39kcal　단백질 1.6g
지방 0.3g　탄수화물 8.1g

4인분 무 ¼개, 다진 파 조금, 다진 마늘 ¼작은술,
소금 ¼작은술, 통깨 조금, 물 1큰술

1　무를 채 썬다.
2　물을 두른 팬에 무를 넣고 뚜껑을 덮어 약한 불에
　　푹 익힌다.
3　무가 어느 정도 익으면 불을 세게 올려 물기를 날
　　린다.
4　③에 소금과 다진 파, 다진 마늘, 통깨를 넣고 버
　　무린다.

취나물

1인분 칼로리 43kcal　단백질 4.4g
지방 0.8g　탄수화물 7.1g

4인분 취 500g, 국간장 1작은술, 다진 파 조금,
다진 마늘 ¼작은술, 참기름 ¼작은술, 통깨 조금,
물 1큰술

1　취를 끓는 물에 데친다.
2　팬에 물을 두르고 데친 취를 넣어 중불에 볶는다.
3　국간장으로 간을 하고 뚜껑을 덮어 약한 불에 익
　　힌다.
4　취가 부들부들해지면 다진 파, 다진 마늘, 참기름,
　　통깨를 넣고 무친다.

호박나물

1인분 칼로리 41kcal　단백질 1.1g
지방 0.9g　탄수화물 8.5g

4인분 애호박 1개, 소금 ½작은술, 다진 파 조금,
다진 마늘 ¼작은술, 통깨 조금, 올리브오일 조금

1　호박을 채 썰어 소금에 절인다.
2　호박의 숨이 죽으면 물에 헹궈 물기를 꽉 짠다.
3　올리브오일을 종이타월에 묻혀 팬에 바르고 센
　　불에서 호박을 볶아 낸다.
4　볶은 호박에 다진 파, 다진 마늘, 통깨를 넣고 무
　　친다.

오이나물

1인분 칼로리 19kcal　단백질 0.9g
지방 1.2g　탄수화물 1.9g

4인분 오이 2개, 소금 ½작은술, 다진 파 조금,
다진 마늘 ¼작은술, 통깨 조금, 올리브오일 조금

1　오이를 동글납작하게 썰어 소금에 절인다.
2　오이가 숨이 죽으면 물에 헹궈 물기를 꽉 짠다.
3　올리브오일을 종이타월에 묻혀 팬에 바르고 센
　　불에서 오이를 볶아 낸다.
4　볶은 오이에 다진 파, 다진 마늘, 통깨를 넣고 무
　　친다.

얼갈이된장무침

**1인분 칼로리 19kcal 단백질 1.3g
지방 1.1g 탄수화물 1.6g**

4인분 얼갈이 2포기, 된장 ½작은술, 다진 파 조금,
다진 마늘 ¼작은술, 참기름 ½작은술,
통깨 조금

1 얼갈이를 끓는 물에 데쳐 찬물에 헹군다.
2 얼갈이의 물기를 꽉 짜서 먹기 좋게 썬다.
3 얼갈이에 된장, 다진 파, 다진 마늘, 참기
름, 통깨를 넣어 조물조물 무친다.

멸치견과볶음

**1인분 칼로리 208kcal 단백질 11.2g
지방 17.1g 탄수화물 4.6g**

4인분 잔멸치 60g, 호두살·아몬드 슬라이스 ¼컵씩,
저염 간장 1작은술, 올리고당 2작은술,
다진 마늘 ½작은술, 참기름 조금, 통깨 조금

1 잔멸치를 기름 없이 볶는다.
2 ①에 견과, 저염 간장, 올리고당, 다진 마늘
을 넣고 중불에 볶는다.
3 멸치가 바삭해지면 참기름, 통깨를 뿌린다.

돼지고기양배추볶음

1인분 칼로리 111kcal   단백질 5.4g
지방 4.7g   탄수화물 10.1g

4인분 돼지고기(안심) 100g, 양배추 ¼개, 양파 1개,
파프리카 ¼개, 다진 파 조금,
굴소스 2작은술, 통깨 조금
돼지고기 양념 저염 간장 · 올리고당 1작은술씩,
맛술 ½작은술, 다진 마늘 1작은술,
참기름 조금, 후춧가루 조금

1 돼지고기를 채 썰어 양념에 잰다.
2 양배추, 양파, 파프리카를 채 썬다.
3 양념한 돼지고기를 중불에 볶다가 채소와
  굴소스를 넣어 볶는다.
4 채소의 숨이 죽으면 통깨를 뿌린다.

연근우엉조림

1인분 칼로리 58kcal   단백질 2.3g
지방 0.5g   탄수화물 12.2g

4인분 연근 · 우엉 ½개씩, 저염 간장 1큰술,
올리고당 2작은술, 통깨 조금, 물 2컵

1 연근은 동글납작하게 썰고, 우엉은 굵게
  채 썬다.
2 모든 재료를 압력솥에 10분간 끓인다.
3 김이 빠지면 뚜껑을 열고 국물이 졸아들
  때까지 끓인다.
4 국물이 바특해지면 통깨를 뿌린다.

마늘종장아찌

1인분 칼로리 32kcal   단백질 1.2g
지방 0.2g   탄수화물 7.2g

 20인분 마늘종 1단, 결정과당 ¼컵,
저염 간장 · 식초 · 물 ¼컵씩

1 마늘종을 씻어 물기를 뺀 뒤 5cm 길이로 썬다.
2 물, 식초, 결정과당, 저염 간장을 함께 팔팔 끓인다.
3 깨끗이 씻어 햇볕에 바싹 말린 통에 마늘종을 담고 팔팔 끓인 간장물을 붓는다.
4 실온에 이틀 정도 두었다가 간장물만 따라내어 다시 팔팔 끓여 식혀 붓는다. 냉장고에 보관한다.

저염 쌈장

1인분 칼로리 34kcal   단백질 1.0g
지방 2.6g   탄수화물 2.0g

4인분 아몬드 슬라이스 1큰술,
된장 · 고추장 1작은술씩, 다진 마늘 ½작은술,
올리고당 · 매실청 · 참기름 ½작은술씩

1 아몬드를 믹서에 곱게 간다.
2 아몬드가루와 나머지 재료를 고루 섞는다.

그녀는 무엇을 먹고 얼마나 효과 봤을까?

제이제이의 **30day** 다이어트 식단

1day
아침 닭가슴살구이 1쪽, 채소, 사과 1개
점심 돼지안심찹스테이크 150g, 찐 고구마 1개, 채소
저녁 참치달걀채소볶음(참치통조림 150g, 달걀 1개), 배추나물

2day
아침 잡곡밥 ½공기, 닭가슴살구이 1쪽, 저염 미역국(건더기), 숙주나물, 김
점심 닭가슴살구이 1쪽, 찐 고구마(작은 것) 2개, 딸기 4개, 블루베리 1줌, 저지방 우유 1컵
저녁 참치달걀채소볶음(참치통조림 150g, 달걀 1개)

3day
☺ 외식인데 이 정도면 선방한 편이다. 베이비립은 참을 걸 하는 아쉬움이…

아침 닭가슴살샌드위치 1개, 딸기 3개
점심 안심스테이크 150g, 베이비립바비큐 2쪽, 구운 버섯과 채소
저녁 닭가슴살구이 1쪽, 찐 고구마(작은 것) 1개, 채소, 딸기 2개, 블루베리 ½컵

4day
☺ 간식에서 무너졌지만 주말이라 봐 준다. 운동도 쉬었다.

아침 현미잡곡밥 ½공기, 저염 미역국(건더기), 숙주나물, 어묵볶음 2쪽, 찐 양배추, 저염 쌈장 1큰술
점심 돼지안심구이 150g, 시금치나물, 찐 양배추, 쌈 채소, 저염 쌈장 1큰술
간식 과자 2개
저녁 달걀찜(흰자 6개, 노른자 1개)

7day
☺ 점심 때 탄수화물 섭취가 적었기 때문에 간식으로 고구마빵을 먹었다.

아침 현미밥 ¼공기, 달걀프라이(흰자 5개, 노른자 1개), 두부구이, 메추리알조림, 양파볶음, 시금치나물
점심 닭가슴살곤약파스타
간식 고구마빵 3개, 딸기 2개
저녁 데친 두부 70g, 채소달걀말이(달걀흰자 4개, 달걀노른자 1개), 찐 가지

8day
☺ 7일 만에 허벅지 둘레가 3cm나 줄었다. 나에게 주는 상으로 좀 차려 먹었다.

아침 닭가슴살샌드위치 ½개, 딸기 3개
점심 달걀부추볶음밥(현미밥 ⅓공기, 달걀흰자 5개)
저녁 닭가슴살구이 1쪽, 버섯볶음, 양상추, 홈메이드 두부드레싱 1큰술

9day
아침 닭가슴살샌드위치 1개, 딸기 3개
점심 실곤약잔치국수
간식 고구마빵 ½개, 오렌지 ½개
저녁 닭가슴살구이 1쪽, 양상추, 딸기 1개, 홈메이드 두부드레싱 1큰술, 고구마빵 1개

10day
☹ 먹을 때는 좋았는데 집에 오니 덜컥 걱정이 된다. 결국 피곤한 몸을 이끌고 운동을 했다.

아침 닭가슴살샌드위치 1개
점심 대게정식 1인분
저녁 스크램블드에그(흰자 3개), 딸기(작은 것) 3개

13day
☹ 나트륨 섭취가 과한 느낌이다. 무릎이 아파서 운동도 쉬었다.

아침 버섯크림리소토(현미밥 ¾공기, 우유 1컵), 꽁치구이 1토막
점심 버섯샤부샤부(버섯, 채소, 감자 2쪽, 고기 1점, 만두 1개, 죽 ⅓공기)
간식 단호박구이 2쪽
저녁 달걀흰자수플레(달걀흰자 5개), 딸기 3개, 오렌지 ½개

14day
아침 현미밥 1공기, 시래기두부된장국(건더기), 꽁치구이 1토막, 메추리알 3개, 시금치나물
점심 참치김밥
저녁 닭가슴살채소구이(닭가슴살 1쪽, 감자 ¼개, 단호박 조금)

15day
아침 두부달걀덮밥(현미밥 ¼공기, 두부 80g, 달걀흰자 3개, 달걀노른자 1개)
점심 참치김밥
저녁 닭가슴살곤약토마토파스타

16day
아침 단호박카레라이스(현미밥 ¼공기, 달걀흰자 4개, 고형 카레 2조각)
점심 게맛살크림소스두부(두부 150g, 게맛살 1개, 저지방 치즈 1장), 블루베리고구마빵 1개
저녁 연어스테이크 200g, 오렌지 소스 3큰술

19day
기상 직후 브라우니 ¼개
아침 프렌치토스트 2개, 스크램블드에그(흰자 4개), 오렌지 ½개, 원두커피
점심 참치김밥, 딸기 3개
저녁 닭가슴살통조림 150g, 찐 고구마(작은 것) 2개, 딸기 1개

20day
☹ 치즈 두 장에 올리브오일까지…, 지방 과다섭취다!

아침 프렌치토스트 2개, 메이플시럽 2작은술, 딸기잼 1작은술, 달걀찜(흰자 4개), 딸기 4개
점심 토마토가지그라탱(달걀흰자 5개, 저지방 치즈 2장)
저녁 닭가슴살통조림 150g, 찐 고구마(작은 것) 1개, 구운 채소, 딸기 1개

21day
기상 직후 브라우니 ¼개
아침 프렌치토스트 1개, 딸기잼 1작은술, 구운 감자 ½개, 달걀찜(흰자 4개, 노른자 1개)
점심 참치김밥
간식 통밀시나몬빵 1개
저녁 닭가슴살통조림 150g, 콜리플라워토마토볶음, 구운 토마토, 찐 고구마 1개

22day
아침 나물달걀비빔밥(현미밥 ⅓공기, 달걀흰자 4개, 달걀노른자 1개, 저염 쌈장 2작은술)
점심 닭가슴살채소볶음(닭가슴살통조림 150g, 단호박 ¼개, 저지방 치즈 1장)
저녁 두부달걀구이(두부 150g, 달걀흰자 4개)

25day
☺ 간식이 조금 많았다. 그래도 착한 칼로리의 크래커를 발견해서 기분이 좋다.

기상 직후 브라우니 ¼개
아침 현미밥 ½공기, 달걀프라이(흰자 4개), 된장찌개(건더기), 미역무침, 김
간식 저칼로리 크래커 5개
점심 훈제오리데리야키덮밥
간식 통밀시리얼 20g, 플레인 요구르트 ½컵
저녁 단호박두부그라탱

26day
☹ 5시에 저녁을 먹었는데 11시가 넘도록 배가 고프지 않다. 이게 바로 고기의 위력!

기상 직후 브라우니 ¼개
아침 프렌치토스트 1개, 딸기잼 ½작은술, 달걀찜(흰자 4개, 노른자 1개), 양상추, 딸기 2개
점심 순두부황태정식 1인분
저녁 오리고기구이 1인분

27day
아침 닭가슴살단호박카레라이스(현미밥 ⅓공기, 달걀흰자 4개, 닭가슴살 ¼쪽)
점심 현미밥 ⅓공기, 통밀마늘빵 2쪽, 토마토소스해물볶음(해물 150g)
저녁 닭가슴살구이 ⅔쪽, 고구마두부초코무스케이크 ⅓조각, 딸기 2개
간식 과자 2개

28day
아침 현미밥 ⅓공기, 달걀찜(흰자 4개, 노른자 1개), 황태구이 1토막, 김치찜, 찐 양배추 ⅛개, 찐 단호박 조금, 저염 쌈장 1큰술
점심 참치김밥, 초코바나나스무디 ½개
간식 과자 2개
저녁 두부고구마머핀 2개, 과일샐러드

다이어트 기간 동안 먹었던 식단과 성과를 공개할게요.
이 식단으로 3개월 정도 다이어트했더니 몸매가 확 달라졌답니다.
영양 구성을 비슷하게 맞춘다면 입맛에 맞는 메뉴로 바꿔도 괜찮아요.

5day

아침 닭가슴살샌드위치 1개, 사과 ½개
점심 나물달걀비빔밥(현미잡곡밥 ¼공기, 달걀흰자 5개), 김
저녁 닭가슴살구이 1쪽, 찐 고구마(작은 것) 1개, 채소, 딸기 3개, 블루베리 ½컵

6day

아침 채소달걀비빔밥(현미밥 ¼공기, 달걀흰자 6개, 저염 쌈장 1큰술), 김
점심 닭가슴살구이 1쪽, 찐 고구마(작은 것) 2개, 양상추, 딸기(작은 것) 4개, 블루베리 ½컵
저녁 두부달걀찜(두부 40g, 달걀흰자 6개, 달걀노른자 1개)

11day

아침 양배추쌈밥(현미밥 ⅓공기, 달걀흰자 5개, 찐 양배추, 청양고추, 저염 쌈장 1큰술)
점심 닭가슴살구이 1쪽, 고구마(작은 것) 1개, 양상추, 딸기(작은 것) 3개, 블루베리 ½컵
저녁 오리고기구이 6~7점, 감자구이 4쪽, 버섯구이, 오리탕 국물 ½컵

12day

아침 고구마단호박오믈렛(고구마 1½개, 단호박 ¼개, 달걀흰자 5개),
오렌지 ½개
점심 달걀부추볶음밥(현미밥 ¼공기, 달걀흰자 5개, 두부 70g)
저녁 단호박쇠고기찜(쇠고기 150g, 단호박 200g)

17day

간식이 지나쳤다. 집에 만 있으니 군것질이 더 당긴다. 운동도 안 하고….

아침 현미밥 ¼공기, 저염 미역국(건더기), 삶은 돼지고기(사태) 200g, 배추, 김치찜
간식 통밀시리얼 30g, 플레인 요구르트 ½컵, 블루베리 조금, 브라우니 ½개
점심 돼지고기두부덮밥
저녁 닭가슴살(통조림) 150g, 찐 단호박 ¼개, 딸기 1개

18day

기상 직후 브라우니 ¼개
아침 프렌치토스트 2개, 스크램블드에그(흰자 4개), 오렌지 ½개, 원두커피
점심 닭가슴살토마토리소토(현미 1컵, 닭가슴살통조림 150g, 쇠고기 조금)
저녁 닭가슴살구이 150g, 찐 고구마 1개, 찐 단호박 조금, 딸기 2개

23day

입이 제대로 호사한 날이다. 내일부터 열심히 운동해야지!

아침 나물달걀비빔밥(현미밥 ⅓공기, 달걀흰자 4개, 저염 쌈장 ½작은술)
점심 훈제오리데리야키덮밥(현미밥 ⅓공기, 훈제오리 150g, 달걀흰자 3개)
저녁 초밥 1인분

24day

기상 직후 블루베리초코바 ¼개
아침 프렌치토스트 ¼개, 통밀시나몬빵 1개, 딸기잼 ½작은술, 달걀찜(흰자 3개), 구운 토마토 ½개, 채소, 사과 ¼개
점심 현미밥 ⅓공기, 닭가슴살채소볶음, 달걀프라이 1개
저녁 닭가슴살샐러드(닭가슴살 70g), 딸기드레싱 2큰술, 딸기 2개

29day

아침 현미밥 ⅓공기, 달걀찜(흰자 2개, 노른자 1개), 고등어구이 1토막, 김치찜, 찐 양배추 ¼개
점심 불고기새싹덮밥(현미밥 ⅓공기, 돼지안심 180g), 오렌지 ½개, 딸기 2개, 포도 조금
간식 두부머핀 1개, 두부티라미수 1개
저녁 닭가슴살카레커틀릿, 바나나 ½개

30day

아침 현미밥 ⅔공기, 달걀프라이(흰자 3개, 노른자 1개), 고등어구이 1토막, 데친 두부 100g, 시래기된장찜
점심 고구마치즈치킨가스, 채소샐러드, 딸기 1개
간식 초코바나나스무디 2큰술
저녁 고구마두부무스케이크 1조각, 채소샐러드

다이어트 30일, 어디가 얼마나 달라졌을까?

체중과 체성분의 변화

체중	57.3kg	→ 54.8kg	– **2.5kg**
체질량지수	20.3kg/m²	→ 19.4kg/m²	– **0.9kg/m²**
체지방률	26.0%	→ 24.5%	– **1.5%**
근육량	39.1kg	→ 38.2kg	– **0.9kg**
체수분량	30.5kg	→ 29.8kg	– **700g**
단백질량	8.6kg	→ 8.4kg	– **200g**
체지방량	14.9kg	→ 13.4kg	– **1.5kg**
피하지방량	13.5kg	→ 12.2kg	– **1.3kg**
내장지방량	1.4kg	→ 1.2kg	– **200g**
무기질량	3.3kg	→ 3.2kg	– **100g**

체중 2.5kg 감량. 그러나 더 중요한 건 체성분이다.
빠진 2.5kg의 구성을 보면
근육량 0.9kg + 체지방량 1.5kg + 무기질량 100g = 2.5kg.
한 달 동안 체지방이 1.5kg 줄어든 것은 축하할 일이다.
하지만 체수분도 많이 빠졌다. 체수분량의 지나친 감소는 좋지 않다. 운동으로 빠져나간 수분을 충분히 보충하지 못한 것 같다.
근육량이 많이 준 것도 아쉬운 점이다. 근육 손실이 큰 다이어트는 요요를 부르고 살찌기 좋은 스펀지 스타일의 몸을 만들기 때문이다. 공복 유산소 운동을 그만두고, 운동 후에 단백질과 탄수화물을 섭취해야겠다.
빠진 체지방량 1.5kg 중 200g이 내장에서 빠져나간 것은 만족할 만한 결과다. 식단의 영양 구성이 좋았다는 뜻이다.

팔과 다리의 변화

왼팔	근육량	2.6kg	→ 2.56kg	– **40g**
	체지방량	0.92kg	→ 0.81kg	– **110g**
오른팔	근육량	2.53kg	→ 2.51kg	– **20g**
	체지방량	0.95kg	→ 0.82kg	– **130g**
왼다리	근육량	7.19kg	→ 6.87kg	– **320g**
	체지방량	2.65kg	→ 2.41kg	– **240g**
오른다리	근육량	7.06kg	→ 6.67kg	– **390g**
	체지방량	2.68kg	→ 2.44kg	– **240g**

몸의 좌우 균형이 맞지 않아 운동을 하면 할수록 근력이 왼쪽으로 치우쳤었다. 평소 상대적으로 약한 오른쪽을 많이 쓰고 운동할 때도 힘을 균등하게 쓰려고 애썼더니 좌우의 차이가 많이 줄었다.
하체와 몸통에 비해 팔의 근육 손실은 매우 적다. 근육은 거의 그대로이고 지방만 빠진 셈이니 성공이다. 팔의 근육을 최대한 보존하고 키우려는 노력이 어느 정도 통한 것 같다.

··· 제이제이는 하루 2시간 정도의 운동을 병행했어요.

이럴 땐 어떻게 하지?

다이어트 궁금증 Q & A

다이어트를 하다 보면 이런저런 궁금증들이 생겨요.
그 중에서 다이어터들이 가장 많이 묻는 질문들을 모아 답변해 드려요.
꼭 성공해서 멋진 몸매를 뽐내세요.

Q 꼭 100% 통밀빵을 먹어야 하나요? 곡물빵을 먹으면 안 되나요?

A 통밀빵은 GI가 50 정도인 데 비해 밀가루로 만든 빵은 GI가 90에 달할 정도로 높아요. 백설탕, 마가린, 분유 등이 들어가 포화지방산과 나트륨도 많고요. 제과점에서 파는 곡물빵도 이와 크게 다르지 않아요. 빵이 주식인 외국은 100% 통밀빵을 많이 판다고 하지만, 우리나라는 대형 프랜차이즈 제과점에서 파는 호밀식빵의 경우 호밀은 얼마 들어 있지 않고 밀가루와 첨가물이 대부분을 차지하고 있답니다. 마가린이 들어 있으면서도 트랜스지방이 0으로 표기되어 있는 경우도 허다하지요.
꼭 100% 통밀빵을 먹어야 하는 것은 아니에요. 몸에 좋고 다이어트 효과가 높기 때문에 권하는 거예요. 통밀빵은 사기가 쉽지 않기 때문에 집에서 만드는 게 좋아요. 시중에서 살 경우에는 꼼꼼히 따져보고 믿을 만한 곳에서 사세요.

Q 과일을 너무 좋아하는데, 밥 대신 과일을 먹으면 안 되나요?

A 과일은 생각보다 살이 많이 찌는 식품이에요. 과당뿐 아니라 포도당도 들어 있어 흡수가 매우 빠르고 체지방으로 바뀔 확률도 높지요. 특히 파인애플같이 단맛이 강한 열대 과일은 칼로리가 꽤 높답니다. 밥 대신 과일을 먹고 싶다면 아침에 사과나 바나나를 드세요. 사과는 칼로리가 비교적 낮고 신진대사를 촉진하기 때문에 아침에 한 개씩 먹으면 좋아요. 또 바나나는 포만감이 좋고 칼륨이 풍부해 다이어트에 도움이 돼요. 하지만 간식과 저녁으로 과일을 먹는 건 피하세요. 식후에 먹는 것도 혈당지수를 높이기 때문에 좋지 않아요. 간식이나 디저트로 과일을 먹으려면 방울토마토를 조금 드세요.

Q 간식을 참기가 너무 힘들어요. 다이어트 중에 먹을 수 있는 간식은 없나요?

A 다이어트 중에는 간식을 손수 만들어 먹는 것이 좋아요. 그렇지 않으면 방울토마토나 키위, 견과류를 조금 드세요. 견과류에 꿀을 살짝 뿌려서 구워 먹어도 맛있어요. 단 5~6개만 드셔야 해요. 초콜릿은 당분과 지방이 많기 때문에 피하는 게 좋아요. 단 게 먹고 싶으면 당분이 적은 양갱을 드세요. 한살림에서 파는 양갱이 비교적 당분이 적은 편이에요. 시중에서 파는 '맛밤'도 추천해요. 한 봉지의 칼로리가 130~140kcal로 설탕이 들어 있지 않으면서 달콤해요. 복음자리에서 나오는 땅콩버터를 작은 티스푼으로 한 입 머금고 천천히 녹여 먹거나 대추를 한두 개 먹는 것도 좋은 방법이에요.

Q 여름에는 도시락이 상할까봐 걱정돼요. 좋은 방법이 있을까요?

A 무더운 여름에는 도시락 싸기가 참 나빠요. 상할까봐 내내 신경이 쓰이지요. 여름 도시락은 무엇보다 쉽게 상하지 않는 음식으로 싸는 게 중요한데, 그러다 보면 단백질 식품이 들어간 음식을 넣기가 힘들어요. 이럴 때 보냉파우치를 이용하면 좋아요. 음식 상태가 반나절 이상 유지되기 때문에 여름철에 아주 유용하답니다.

Q 다이어트를 하면서 변비가 너무 심해졌어요. 어떻게 하죠?

A 먼저 식사량이 너무 적은 것은 아닌지 체크해 보세요. 특히 단백질 위주의 식단에서 탄수화물이 부족하면 식이섬유가 부족해 변비가 생길 수 있어요. 이럴 때는 현미밥에 검은콩을 섞거나 고구마로 식이섬유를 보충하세요. 수분이 부족해도 변비로 이어지기 쉬워요. 물을 충분히 마시고 유산소 운동을 하면 장 운동이 좋아져요.

배에 가스가 차면서 복통이 있는 변비는 자극성 있는 음식을 먹거나 스트레스를 받았을 때 잘 생겨요. 대장이 너무 민감해져서 적은 자극에도 쉽게 수축되고 경련이 생기는 거지요. 이런 경우에는 대장을 자극하는 식이섬유가 오히려 변비를 악화시킬 수 있어요. 장에 부담을 주지 않도록 기름진 음식, 자극적인 음식을 피하고 담백한 음식으로 가볍게 식사하는 게 좋아요.

Q 요리에 달걀흰자만 쓰면 남은 노른자는 어떻게 하나요?

A 달걀노른자는 콜레스테롤이 많아서 주의해야 해요. 요리할 때 달걀을 여러 개 쓰더라도 노른자는 조금만 쓰고 주로 흰자를 쓰는 것이 좋답니다.

남은 달걀노른자는 버리지 마세요. 머리를 감을 때 헤어 팩으로 쓰면 좋아요. 또 세안하고 나서 달걀노른자와 물러진 바나나를 섞어 팩을 하면 피부가 촉촉해져요. 이렇게 하면 다이어트 중에 거칠어지기 쉬운 피부와 머릿결까지 가꿀 수 있어 일석이조지요.

Q 뱃살 때문에 고민이에요. 어떻게 하면 뺄 수 있을까요?

A 복부비만은 내장지방형과 피하지방형이 있어요. 내장지방형은 식단만 조절해도 효과를 볼 수 있어요. 저녁은 잠자기 5시간 전에 먹고 그 후에는 군것질이나 간식을 참아야 해요. 배가 고파 참기 어려우면 지지방 우유나 토마토, 오이, 견과류 5～6개 정도로 허기만 달래세요. 가벼운 복근운동을 병행하면 더 좋아요. 스트레스를 많이 받거나 평소에 기름기 있는 음식을 즐겨 먹는 경우, 혈액순환이 잘 안 되는 경우에 내장지방형이 되기 쉽기 때문에 충분한 휴식과 스트레스 해소도 중요해요. 배를 항상 따뜻하게 유지하는 것도 잊지 마세요.

피하지방형은 복근을 강화해 처진 뱃살에 탄력을 주어야 해요. 식단 조절과 함께 하루에 10분 이상 복근운동을 하세요. 특히 포화지방산을 조심하고, 고기를 먹을 때는 지방이 적은 살코기나 수용성 지방이 풍부한 오리고기를 먹는 게 좋아요.

Q 생리 중에는 식욕이 더 생겨요. 어떻게 하면 좋을까요?

A 생리 전이나 생리 중에는 초콜릿이나 케이크 같은 달콤한 군것질거리가 더 많이 생각나요. 게다가 몸이 무거워 움직이기도 싫어지지요. 가뜩이나 의지력이 약해져 식단 조절하기가 쉽지 않은데 꼼짝 않고 있으면 간식의 유혹을 이기기가 더 힘들답니다. 마냥 느슨해지지 말고 생리통이 심하지 않으면 밖에 나가서 가볍게 걷거나 상체운동이라도 하세요. 운동 효과뿐 아니라 식욕을 다스리는 데 도움이 돼요.

index

칼로리순

• 리스컴이 펴낸 책들 •

우리집에 꼭 필요한 생활요리 대백과
한복선의 우리음식

신세대 주부들도 쉽게 따라 할 수 있는 한국 전통음식
교과서. 가정요리, 명절음식, 궁중음식, 향토음식, 건
강요리, 김치·장아찌 등 기본에 충실하면서도 실용적
인 요리가 가득 담겨 있다.

한복선 지음 | 304쪽 | 210×255mm | 15,000원

왕초보를 위한 요리 교과서
한복선의 요리 1학년

요리 왕초보를 위한 기초 중의 기초 요리책. 칼 잡는 법
부터 계량법, 기본양념, 재료 고르기와 손질법 등 요리
의 기본기를 꼼꼼하게 잡아주고 국·찌개, 구이, 조림,
나물 등 조리별 맛내기 노하우를 자세히 알려준다.

한복선 지음 | 280쪽 | 210×275mm | 15,000원

대한민국 대표 요리책
한복선의 엄마의 밥상

최고의 요리전문가 한복선 선생님이 알려주는 엄마 손
맛의 비결. 별미반찬, 국·찌개·전골, 한 그릇 한 끼, 우
리 집 별식, 김치·장아찌·피클 등 일상요리가 다 들어
있다. 반찬 만들기 기본 테크닉 등도 자세히 소개되어
있다.

한복선 지음 | 280쪽 | 210×265mm | 13,000원

우리 식탁엔 우리 음식
일주일 밑반찬 사계절 장아찌

주부들의 반찬 고민을 덜어주는 밑반찬 요리책. 장조
림, 마른반찬, 깻잎장아찌 등 대표 밑반찬과 슬로푸드
장아찌, 새콤달콤한 피클, 입맛 살리는 젓갈 75가지가
담겨 있다. 만들기 쉽고, 전통의 맛을 살린 레시피가 가
득하다.

최승주 지음 | 144쪽 | 210×265mm | 9,800원

먹을수록 건강해지는 우리 음식
나물이 좋다

기본 나물부터 향토 나물까지 다양한 나물 레시피 78
가지를 담았다. 생채와 겉절이, 살짝 데쳐 무치는 무침
나물, 양념해 볶는 볶음나물, 나물로 만드는 별미요리
등이 있다. 사계절 제철 나물과 고르기, 손질 요령 등도
정리했다.

리스컴 편집부 | 136쪽 | 210×265mm | 9,800원

토속음식에서 퓨전요리까지, 된장요리 73
우리 몸엔 된장이 좋다

항암 효과가 뛰어나고 성인병 예방에도 좋은 된장요리
책. 국·찌개, 밥반찬, 별미요리, 일품요리, 나토요리 등
현대인의 입맛에 잘 맞는 된장요리 73가지를 담았다.
된장의 효능, 집에서 된장 담그기와 시판 된장 고르기,
여러 가지 된장소스, 된장요리 전문점도 소개한다.

최승주 지음 | 192쪽 | 190×260mm | 13,000원

시간은 아끼고 영양은 높이고
5분 아침 식탁

아침밥을 챙기기 어려운 바쁜 현대인들을 위한 브런치
스타일의 간단 아침식사 31가지. 여자영양대학의 교수
진이 탄수화물, 단백질, 지방, 미네랄의 균형을 맞춘 레
시피를 개발했다. 미리 준비하면 좋은 채소 저장식, 가
공식품, 소스 등도 함께 넣었다.

여자영양대학 지음 | 120쪽 | 180×230mm | 12,000원

바쁜 현대인을 위한 스피드 & 영양만점 레시피
후다닥 간단 밥상

바쁘게 살아가는 맞벌이 부부, 혼자 사는 싱글족들을
위해 후다닥 만들어 맛있게 즐길 수 있는 요리들을 모
은 책. 손님상, 다이어트식, 간식 등 184가지 영양만점
레시피와 요리 노하우가 담겨 있다.

김경미 지음 | 224쪽 | 190×245mm | 13,000원

내 몸이 가벼워지는 시간
샐러드에 반하다

한 끼 샐러드, 도시락 샐러드, 저칼로리 샐러드, 곁들이
샐러드 등 쉽고 맛있는 샐러드 레시피 56가지를 한 권
에 담았다. 다양한 맛의 45가지 드레싱과 각 샐러드의
칼로리, 건강한 샐러드를 위한 정보도 함께 들어 있어
다이어트에도 도움이 된다.

장연정 지음 | 168쪽 | 210×256mm | 12,000원

로푸드 다이어트 레시피 103
로푸드 디톡스

로푸드는 체내의 독소를 제거하고 면역력을 높여줘 자
연스럽게 다이어트까지 이어지도록 한다. 로푸드 레시
피 103개와 주스 펄프 사용법, 활용도 만점 드레싱 등
플러스 레시피가 수록돼 있어 로푸드가 낯선 사람도
어렵지 않게 시작할 수 있다.

이지연 지음 | 216쪽 | 210×265mm | 12,000원

촉촉하고 부드럽게, 건강하고 실속 있게
프렌치토스트 & 핫 샌드위치
한 끼 식사로, 간식으로 좋은 프렌치토스트와 핫 샌드위치 64가지를 소개한다. 정통 레시피부터 색다른 맛, 시판 음식을 이용한 레시피까지 간단하고 맛있는 메뉴가 가득하다. 토핑과 속재료가 한눈에 들어와 누구나 쉽게 만들 수 있다.

미나구치 나호코 지음 | 112쪽 | 180×230mm | 11,200원

후다닥 만들어 럭셔리하게 즐긴다
홈메이드 샌드위치 74가지
초보자들도 쉽게 만들 수 있는 메뉴부터 전문점 못지않은 럭셔리한 종류까지 74가지의 다양한 샌드위치를 스피드 샌드위치, 럭셔리 샌드위치로 나누어 소개한 책. 입소문난 샌드위치 전문점의 인기 메뉴 만드는 법도 실려 있어 집에서도 특별한 맛을 낼 수 있다.

안영숙 지음 | 140쪽 | 190×260mm | 8,500원

간편한 도시락은 다 모였다!
김밥·주먹밥·샌드위치
만들기 쉽고, 먹기 편한 도시락 메뉴 78가지를 소개한 책. 김밥, 주먹밥, 초밥, 캘리포니아 롤, 샌드위치 등이 모두 들어 있다. 밥 짓기, 양념하기, 김밥 말기, 배합초 버무리기 등 기초 테크닉도 꼼꼼하게 알려준다.

최승주 지음 | 184쪽 | 190×245mm | 12,000원

달콤한 나의 첫 베이킹 북
쁘띠 쿠키 레시피
플레인 쿠키, 초코 쿠키, 팬시 쿠키, 과일 쿠키, 매운 쿠키, 견과 쿠키 등 달콤한 쿠키 레시피 50개가 들어 있다. 베이킹을 처음 하는 초보자도 쉽게 따라할 수 있는 간단한 레시피로 구성되어 있으며, 응용할 수 있는 팁도 함께 넣었다.

스테이시 아디만도 지음 | 120쪽 | 170×220mm | 12,000원

천연 효모가 살아있는 건강 빵
천연발효빵
맛있고 몸에 좋은 천연발효빵을 소개한 책. 단순한 홈 베이킹의 수준을 넘어 건강한 빵을 찾는 웰빙족을 위해 과일, 채소, 곡물 등으로 만드는 천연 발효종 20가지와 천연 발효종으로 굽는 건강빵 레시피 62가지를 담았다.

고상진 지음 | 200쪽 | 210×275mm | 13,000원

미니오븐으로 시작하는
쿠키·빵·케이크
초보자를 위한 미니오븐 베이킹 레시피 50가지. 바삭한 쿠키와 담백한 스콘, 다양한 머핀과 파운드케이크, 폼 나는 케이크와 타르트, 누구나 좋아하는 인기 빵까지 모두 담겨 있다. 베이킹을 처음 시작하는 사람에게 안성맞춤이다.

고상진 지음 | 144쪽 | 210×256mm | 12,000원

사랑하는 사람에게 마음을 선하는
80가지 레시피 & 아이디어 포장법
행복한 선물요리
쿠키와 케이크, 초콜릿과 음료, 한과와 정과 등 선물하기 좋은 맛있고 예쁜 요리 80가지의 레시피를 담은 책. 각 요리마다 예쁜 포장법을 알려줘 선물의 가치를 한층 높일 수 있다. 웃어른, 연인, 어린이, 이웃 등 대상별·테마별로 적용할 수 있다.

손성희 지음 | 168쪽 | 190×245mm | 12,000원

손님상에, 도시락에… 센스를 뽐내세요
과일 예쁘게 깎기
30여 가지의 과일과 채소를 예쁘고 먹기 좋게 깎을 수 있도록 소개한 책. 꽃·동물·나뭇잎 모양 등 60여 가지의 다양한 깎기와 모양내기 방법을 과정 사진과 함께 자세히 알려준다. 과일음료, 과일잼, 과일주 등 응용 요리도 담겨 있다.

구본길 지음 | 144쪽 | 190×230mm | 9,800원

영양사 엄마와 소아과 원장이 함께 차리는 영양 밥상
우리 아이에게 꼭 먹이고 싶은 유아식
영양사 출신의 엄마와 소아과 원장이 함께 소중한 우리 아이를 위한 맛깔 나는 영양 만점 유아식을 완성했다. 아이의 건강을 위해 꼭 필요한 반찬부터 생일상 차리기까지 완벽한 유아식 레시피 120가지를 골고루 담았다. 소아과 전문의의 영양 가이드도 유용하다.

박효선·서정호 지음 | 256쪽 | 190×230mm | 13,000원

알면 알수록 특별한 술
와인 & 스피릿
포도 품종과 지역별 특징, 고르는 법, 라벨 읽는 법, 마시는 법까지 와인의 모든 것을 자세히 알려주는 지침서. 소믈리에가 추천한 100가지 와인 리스트는 초보자도 와인을 성공적으로 고를 수 있도록 도와준다. 비즈니스에서 빼놓을 수 없는 양주에 대해서도 알려준다.

김일호 지음 | 216쪽 | 152×225mm | 12,000원

• 리스컴이 펴낸 책들 •

수납부터 가구배치까지… 인테리어 아이디어 50
좁은 집 넓게 쓰는 정리의 기술
좁은 집, 좁은 방을 좀 더 넓게 쓰고 싶은 사람을 위한 인테리어 책. 인테리어 전문가인 저자가 실제 사례를 바탕으로 집 안을 넓고 예쁘게 바꾸는 방법 50가지를 제안한다. 정리정돈부터 가구배치, 소품배열 등 인테리어 테크닉이 가득 담겨 있다.
카와카미 유키 지음 | 136쪽 | 170×220mm | 12,000원

좁은 집 넓게 쓰는 인테리어 아이디어 54
집안을 확 바꾸는 수납의 기술
집 안을 어지럽히는 물건들을 쉽고 효율적으로 정리하는 수납 아이디어 북. 인테리어 전문가인 저자가 실제 사례를 바탕으로 다양한 상황에 적용할 수 있는 수납의 기술을 알려준다. 수납 방법을 한눈에 알 수 있는 그림이 특징이다.
카와카미 유키 지음 | 136쪽 | 170×220mm | 11,200원

가구, 소품, 패브릭으로 예쁘고 편리하게
이케아 스타일 인테리어
심플하고 실용적인 디자인의 이케아 가구, 소품, 패브릭으로 집 안을 개성 있고 살기 편하게 꾸민 집들을 소개한다. 예쁘고 정돈된 집, 소품으로 포인트를 준 집, 패브릭으로 개성을 살린 집, 꿈이 가득한 아이 방 등 아이디어들이 가득하다.
무사시북스 | 안미현 옮김 | 128쪽 | 210×275mm | 12,000원

내가 살고 싶은 집, It's IKEA style!
북유럽 디자인 + 이케아로 꾸민 집
심플하고 기능적인 이케아 제품으로 꾸민 북유럽 스타일의 인테리어 책. 가구에서부터 소품, 수납까지 이케아만의 아이디어와 센스가 듬뿍 담겨 있다. 살기 편하고 개성 넘치는 인테리어 감각을 배울 수 있다.
무사시북스 | 이예린 옮김 | 120쪽 | 210×275mm | 12,000원

Modern & Simple
내가 꿈꾸는 내추럴 하우스
천연소재로 집을 짓고 꾸민 내추럴 하우스 20곳을 프렌치, 모던, 심플 세 가지 스타일로 소개한다. 가족 구성을 고려한 설계부터 마감재, 가구, 소품 연출까지 편안한 내추럴 인테리어 노하우가 자세히 담겨 있다.
주부의벗 편집부 지음 | 156쪽 | 210×257mm | 11,200원

우리 바람 쐬러 갈까?
서울·근교 베스트 여행지 50
서울과 수도권에서 쉽게 찾아 갈 수 있는, 가깝고 재미난 나들이 장소들을 모았다. 데이트 코스, 힐링 코스, 가족여행 코스, 건강 코스, 유적 코스로 구분해 보기 편하고 맛집 정보와 상세한 지도까지 수록해 알차다.
편경애 지음 | 264쪽 | 148×210mm | 13,000원

신이 숨겨둔 마지막 여행지
언젠가는, 페루
천혜의 자연과 유구한 역사가 한데 어우러진 낭만의 여행지 페루. 수도 리마, 와카치나 사막, 쿠스코, 마추픽추, 티티카카 호수, 그리고 숨겨진 역사, 경제, 문화 등 페루 여행의 모든 것을 한 권의 책에서 만난다.
이승호 지음 | 240쪽 | 146×205mm | 13,000원

누구나 한 번쯤 꿈꾸는 그곳
언젠가는, 터키
터키 여행 에세이 겸 가이드북. 신비로움을 간직한 도시 이스탄불, 웅장한 자연경관에 놀라게 되는 파묵칼레와 카파도키아, 여유로움을 만끽할 수 있는 지중해…. 터키 여행의 모든 것을 한 권에 담았다.
장은정 지음 | 264쪽 | 146×205mm | 13,000원

6년차 뉴요커가 알려주는 핫 스팟
로사의 뉴욕 훔쳐보기
6년차 뉴요커가 소개하는 뉴욕 여행책. 뉴욕을 테마별로 나누어 여행 목적에 맞게 계획을 짤 수 있다. 또한 저자가 알려주는 뉴요커들만 알고 있는 이벤트, 문화 등을 즐기다 보면 뉴요커가 된 기분을 느낄 수 있을 것이다.
김로사 지음 | 328쪽 | 146×205mm | 13,000원

지브리에서 슬램덩크까지,
애니메이션으로 만나는 또 다른 일본
낭만 레트로 일본 애니여행
애니메이션에 등장하는 장소와 만화가들의 흔적을 찾아보는 신개념 테마 여행. 남녀노소 누구나 좋아하는 일본의 애니메이션 포인트 11곳을 담았다. 여행지 정보와 주변 관광지도 함께 소개해 처음 방문하는 사람이라도 즐겁게 떠날 수 있다.
윤정수 지음 | 208쪽 | 138×190mm | 12,000원

완벽한 S라인을 만드는 마법의 발레 운동
바오솔 다이어트

바오솔은 집에서 쉽게 하는 다이어트 발레 운동으로 동작들이 쉽고 단순하면서도 효과는 뛰어나 바쁜 현대 여성들에게 안성맞춤이다. 살을 빼는 것은 물론 몸매를 다듬어 완벽한 S라인을 만드는 것이 특징이다.

오영주 지음 | 144쪽 | 182×235mm | 12,000원

특별한 날을 위한 25가지 꽃 장식
종이꽃 만들기

진짜 꽃보다 더 진짜 같은 종이꽃 25가지가 담겨 있다. 상세한 과정 사진과 실제 크기의 도안이 수록되어 있어 누구나 쉽게 만들 수 있다. 별다른 도구 없이도 자르고 붙이기만 하면 나만의 종이꽃이 완성된다. 선물 포장, 부케, 파티 장식, 인테리어 등 생활 속에서 다양하게 활용할 수 있다.

제퍼리 루델 지음 | 전순덕 감수 | 144쪽 | 193×215mm | 13,000원

트러블 · 잡티 · 잔주름 없는 명품 피부의 비결
홈메이드 천연화장품 만들기

피부를 건강하고 아름답게 만들어주는 홈메이드 천연화장품 레시피 북. 클렌저, 로션, 세럼, 팩, 보디 케어 제품, 비누, 목욕용품 등 고급스럽고 내추럴한 천연화장품 35가지가 담겨 있다. 단계별 사진과 함께 자세히 설명되어 있어 누구나 쉽게 만들 수 있고, 사용법도 친절하게 알려준다.

카렌 길버트 지음 | 152쪽 | 190×245mm | 13,000원

쉬운 재단, 멋진 스타일
내추럴 스타일 원피스

직접 만들어 예쁘게 입는 27가지 스타일 원피스. 모든 원피스마다 단계별, 부위별로 자세한 과정을 일러스트로 설명해준다. S, M, L 사이즈로 나뉜 실물 크기 패턴도 함께 수록되어 있어 재봉틀을 처음 배우는 초보자라도 뚝딱 만들 수 있다.

부티크 지음 | 112쪽 | 210×256mm | 10,000원

Body Shape & Healing
그녀들의 심플 요가

몸도 가꾸고 정신적, 신체적 증상도 치유하는 요가 자세를 알려주는 책. 탄력 있는 몸매, 스트레스 해소, 건강, 치유, 해독, 심리 안정 등에 효과 있는 48가지 자세를 소개한다. 심플한 구성과 정확하고 상세한 그림 설명이 특징이다.

에이미 루이스 지음 | 136쪽 | 170×220mm | 12,000원

아기는 건강하게, 엄마는 날씬하게
소피아의 임산부 요가

임산부의 건강과 몸매 유지를 위해 슈퍼모델이자 요가 트레이너인 박서희가 제안하는 맞춤 요가 프로그램. 임신 개월 수에 맞춰 필요한 동작을 자세히 소개하고, 통증을 완화하는 요가, 커플 요가, 산후 요가 등도 담았다. 30분 요가 프로그램 DVD도 있다.

박서희 지음 | 176쪽 | 182×235mm | 12,000원

똑똑하고 감성적인 아이로 키우는
0~6세 아기와 책 읽기

태아 때부터 영유아기까지 아이의 나이와 상황에 맞는 책 읽기와 이야기 만들기, 아이와 교감하며 책 읽는 기술 등을 알려준다. 독서지도 전문가가 추천하는 책들을 물론, 내 아이를 주인공으로 하는 맞춤 이야기들도 소개되어 있다.

앨리슨 데이비스 지음 | 112쪽 | 190×260mm | 10,000원

초보 엄마가 꼭 알아야 할 육아 매뉴얼
사진으로 한눈에 익히는 0~12개월 아기 돌보기

초보 엄마 아빠에게 꼭 필요한 육아 가이드북. 출생 후 12개월까지 안아주기, 수유하기, 기저귀 갈기, 달래기, 목욕시키기 등 아이 돌보기의 모든 것이 풍부한 사진과 함께 상세히 설명되어 있어 쉽게 따라 할 수 있다.

프랜시스 윌리엄스 지음 | 112쪽 | 190×260mm | 10,000원

똑똑한 엄마의 선택
닥터맘 이유식

생후 4개월부터 36개월까지 단계별로 꼭 필요한 영양을 담은 건강 이유식 레시피. 미음부터 죽, 진밥, 덮밥, 국수, 샐러드, 국, 반찬 등 다양한 이유식과 유아식을 담았다. 차근히 따라 하면 건강하고 튼튼하게 키울 수 있다.

닥터맘 지음 | 216쪽 | 190×230mm | 13,000원

산부인과 의사가 들려주는 임신 출산의 모든 것
똑똑하고 건강한 첫 임신 출산

임신 전 계획부터 산후조리까지 현대를 살아가는 임신부를 위한 똑똑한 임신 출산 교과서. 20년 산부인과 전문의가 인터넷 상담, 방송 출연 등을 통해 알게 된, 임신부들이 가장 궁금해하는 것과 꼭 알아야 것들을 알려준다.

김건오 지음 | 304쪽 | 190×230mm | 15,000원

유익한 정보와 다양한 이벤트가 있는
리스컴 블로그로 놀러 오세요!

홈페이지 www.leescom.com
맛있는 책 카페 cafe.naver.com/leescom
리스컴 블로그 blog.naver.com/leescomm

마음껏 먹고 날씬해지는

마법의
다이어트
레시피

글 · 요리 · 사진 | 박지은
이론 감수 | 조애경(위클리닉 원장)

편집 | 김연주 김은정 이예린
디자인 | 권원영 신소희
영업관리 | 장기봉 박태은
마케팅 | 황기철 신다빈

출력 · 인쇄 | HEP

펴낸이 | 이진희
펴낸곳 | (주)리스컴

초판 5쇄 | 2015년 6월 22일

주소 | 서울시 강남구 연주로134길 11-5
전화번호 | 02-540-5192(경영관리부)
          02-540-5193, 02-544-5944(마케팅부)
          02-544-5922, 5933(편집부)
          02-544-5934(미술부)
FAX | 02-540-5194
등록번호 | 제2-3348

ISBN 978-89-91193-72-7 13590
책값은 뒤표지에 있습니다.